电机及机床电气控制

（第2版）

主编　王建明
主审　韩志国

北京理工大学出版社
BEIJING INSTITUTE OF TECHNOLOGY PRESS

版权专有　侵权必究

图书在版编目（CIP）数据

电机及机床电气控制/王建明主编.—2版.—北京：北京理工大学出版社，2019.12重印

ISBN 978-7-5640-6329-0

Ⅰ.①电… Ⅱ.①王… Ⅲ.①电机学-高等学校-教材②机床-电气控制-高等学校-教材 Ⅳ.①TM3②TG502.35

中国版本图书馆CIP数据核字（2012）第170106号

出版发行 / 北京理工大学出版社
社　　址 / 北京市海淀区中关村南大街5号
邮　　编 / 100081
电　　话 / (010) 68914775（办公室）　68944990（批销中心）　68911084（读者服务部）
网　　址 / http：//www.bitpress.com.cn
经　　销 / 全国各地新华书店
印　　刷 / 涿州市新华印刷有限公司
开　　本 / 710毫米×1000毫米　1/16
印　　张 / 14.5　　　　　　　　　　　　　　　　责任编辑 / 李秀梅
字　　数 / 268千字　　　　　　　　　　　　　　　　　　　张慧峰
版　　次 / 2019年12月第2版第8次印刷　　　　　　责任校对 / 周瑞红
定　　价 / 38.00元　　　　　　　　　　　　　　　责任印制 / 王美丽

图书出现印装质量问题，本社负责调换

出版说明 >>>>>>>

北京理工大学出版社为了顺应国家对机电专业技术人才的培养要求，满足企业对毕业生的技能需求，以服务教学、立足岗位、面向就业为方向，经过多年的大力发展，开发了近 30 多个系列 500 多个品种的高等职业教育机电类产品，覆盖了机械设计与制造、材料成型与控制技术、数控技术、模具设计与制造、机电一体化技术、焊接技术及自动化等 30 多个制造类专业。

为了进一步服务全国机电类高等职业教育的发展，北京理工大学出版社特邀请一批国内知名行业专业、国家示范性高等职业院校骨干教师、企业专家和相关作者，根据高等职业教育教材改革的发展趋势，从业已出版的机电类教材中，精心挑选一批质量高、销量好、院校覆盖面广的作品，集中研讨、分别针对每本书提出修改意见，修订出版了该高等职业教育"十二五"特色精品规划系列教材。

本系列教材立足于完整的专业课程体系，结构严整，同时又不失灵活性，配有大量的插图、表格和案例资料。作者结合已出版教材在各个院校的实际使用情况，本着"实用、适用、先进"的修订原则和"通俗、精炼、可操作"的编写风格，力求提高学生的实际操作能力，使学生更好地适应社会需求。

本系列教材在开发过程中，为了更适宜于教学，特开发配套立体资源包，包括如下内容：

➢ 教材使用说明；

出版说明

- 电子教案，并附有课程说明、教学大纲、教学重难点及课时安排等；
- 教学课件，包括：PPT 课件及教学实训演示视频等；
- 教学拓展资源，包括：教学素材、教学案例及网络资源等；
- 教学题库及答案，包括：同步测试题及答案、阶段测试题及答案等；
- 教材交流支持平台。

北京理工大学出版社

前 言 >>>>>>

职业教育面临着培养动手能力强、职业素质高的技能型人才的任务。为了加速培养一批适应现代生产需要的技能型人才,全面落实《国务院关于大力发展职业教育的决定》提出的"以服务为宗旨、以就业为导向"的办学方针和教育部提出的"以就业为导向、以能力为本位"教育教学指导思想,本教材力求开发适合突出能力培养,以项目为载体整合教材结构,按照生产过程导向安排教学内容,以期达到落实先进教学理念的辅助作用。

《电机及机床电气控制》是研究解决与生产机械的电气传动控制有关问题,阐述机电传动控制原理,介绍常用控制电路以及控制电路设计等技术的专业教材。电气传动控制是各类生产机械的重要组成部分,是机械电子工程技术人员必须掌握的专业知识。

现代生产机械一般由工作机构、传动机构、原动机及控制系统等几部分组成。当原动机为电动机时,即电动机通过传动机构带动工作机构进行工作时,这种传动方式称为"机电传动",通过电气控制装置实施对电机的控制方式内容的组合,即"电机及机床电气控制"。

一般来说,机电传动系统包括电动机、电气控制电路以及电动机和运动部件相互联系的传动机构。一般把电动机及传动机构合并在一起称为"电力拖动"部分;把满足加工工艺要求使电动机启动、制动、反向、调速、快速定位等电气控制和电气操作部分视为"电气控制"部分,或称电气控制装置,这也就是机电传动系统的两大组成部分。

随着生产机械逐步现代化,生产功能从简单到复杂,而操作上则是由笨重到轻巧。生产工艺上不断提出的要求,是促进电气控制技术发展的动力,而新型电器和电子器件的出现,又为电气控制技术的发展开拓了新的途径。

本教材主要讲授在机电传动中的强电控制部分。教材分为7个教学项目,每

前言

个项目分为不同的任务,即不同的项目安排教学。教学中每个项目作为一个教学组合,根据工作过程导向安排教学。7个教学项目分别为交流电机及控制、直流电机及控制、步进电机及控制、常用控制电机、典型电路分析、一般电路的设计方法和系统可靠性分析等。教学内容力求结合生产实际,突出职业教育的特征,尽量减少理论推导内容,强化实用环节的教学。

本书可作为两年制或三年制高职高专、成人教育等自动化类专业的教材,也可供相关专业工程技术人员参考。

全书由天津轻工职业技术学院王建明教授担任主编,统稿过程中听取了刘玉林工程师、刘广彬工程师的建议,对此表示感谢。具体分工如下:

教材项目一中的任务一由谢飞编写,任务二由王建明编写,任务三由侯雪编写;项目二由刘玉林编写;项目三由王建明编写;项目四由王建明编写;项目五由罗相洋编写;项目六和项目七由王建明编写。全书由韩志国担任主审。

由于编者水平有限,不足之处请读者提出宝贵意见。

编者

目　录

项目一　交流电动机及其控制 …… 1
 任务一　三相异步电动机的认识 ……… 1
  第一节　变压器的基本知识 … 2
  第二节　三相异步电动机 …… 3
  第三节　三相异步电动机的启动与制动 ……… 10
 拓展与提高 ……………… 21
 思考与练习 ……………… 29
 任务二　常用低压电器 …… 30
  第一节　概述 ……………… 30
  第二节　低压电器的电磁机构及执行机构 …… 31
  第三节　接触器 …………… 34
  第四节　控制继电器 ……… 39
  第五节　熔断器 …………… 46
  第六节　低压隔离器 ……… 49
  第七节　低压断路器 ……… 50
  第八节　主令电器 ………… 51
 思考与练习 ……………… 56
 任务三　机床控制线路的基本环节 ……………… 56
  第一节　机床电气原理图的画法及阅读方法 …… 57
  第二节　三相异步电动机的启动控制线路 …… 63
  第三节　三相异步电动机的运行控制线路 …… 69
  第四节　三相异步电动机的制动控制线路 …… 72
  第五节　电动机的保护环节 … 75
 思考与练习 ……………… 77

项目二　直流电机及控制 …… 83
 任务一　直流电机 ………… 83
  第一节　直流电动机的基本原理与结构 ………… 84
  第二节　直流电动机的电磁转矩和电枢电动势 …… 89
  第三节　他励直流电动机的运行原理与机械特性 … 90
  第四节　他励直流电动机的启动和反转 ………… 95
  第五节　他励直流电动机的制动 ………………… 98
  第六节　他励直流电动机的调速 ………………… 101
 拓展与提高 ……………… 104
 思考与练习 ……………… 106
 任务二　直流电动机的控制 ………………… 106
  第一节　直流电动机单向旋转启动电路 …… 107
  第二节　直流电动机可逆运

目 录

　　第三节　转启动电路 …………… 108
　　第三节　直流电动机单向旋转
　　　　　　串电阻启动、能耗
　　　　　　制动电路 …………… 108
　　第四节　直流电动机可逆旋
　　　　　　转反接制动电路 …… 109
　　第五节　直流电动机调速
　　　　　　控制 ………………… 110
　　思考与练习 …………………… 111

项目三　步进电机及控制 ……… 113
　　任务一　步进电动机 …………… 113
　　第一节　步进电动机的结构
　　　　　　与工作原理 ………… 114
　　第二节　步进电动机的环形
　　　　　　分配器 ……………… 121
　　第三节　步进电动机的驱动
　　　　　　电路 ………………… 124
　　第四节　步进电动机的运行
　　　　　　特性及使用 ………… 128
　　思考与练习 …………………… 135
　　任务二　步进电机控制 ………… 135
　　第一节　步进电动机的控制 …… 136
　　第二节　步进电动机驱动
　　　　　　系统设计举例及传动
　　　　　　控制应用实例 ……… 139
　　思考与练习 …………………… 141

项目四　常用控制电机 ………… 142
　　任务一　伺服电动机 …………… 143
　　任务二　测速发电机 …………… 147
　　思考与练习 …………………… 149

**项目五　典型机床设备的
　　　　　电气控制** ……………… 150
　　任务一　C650型普通卧式车
　　　　　　床电气控制分析 …… 152
　　任务二　Z3040型摇臂钻床
　　　　　　的电气控制分析 …… 157
　　任务三　XA6132型卧式万能
　　　　　　铣床的电气控制
　　　　　　分析 ………………… 164
　　任务四　T68型卧式镗床的
　　　　　　电气控制分析 ……… 174
　　思考与练习 …………………… 181

项目六　电气控制系统设计 …… 183
　　任务一　电气控制设计的
　　　　　　原则和内容 ………… 183
　　任务二　电力拖动方案的确定
　　　　　　和电动机的选择 …… 184
　　任务三　电气控制电路
　　　　　　设计的一般要求 …… 187
　　任务四　电气控制电路设计
　　　　　　的方法与步骤 ……… 192
　　任务五　常用控制电器的
　　　　　　选择 ………………… 196
　　任务六　电气控制的施工
　　　　　　设计与施工 ………… 203
　　思考与练习 …………………… 208

项目七　电气系统可靠性分析 … 210
　　第一节　可靠性的基本概念 … 210
　　第二节　可靠性特征与可靠
　　　　　　性模型 ……………… 212
　　思考与练习 …………………… 217

附录　常用电器元件符号 ……… 219

参考文献 ………………………… 222

任务一 三相异步电动机的认识   1

项目一 交流电动机及其控制

交流电动机在工业中应用广泛、结构简单、运行可靠、价格低廉、维护方便。本项目任务一是介绍三相异步电动机的结构与工作原理及其在空载和负载下的运行状态特点，重点分析三相异步电动机的机械特性及电力拖动的相关知识，对单相异步电动机也做简要介绍；任务二主要介绍常用低压电器的结构、工作原理及应用，为学习电气控制做准备；任务三是进行异步电动机的继电器接触器控制系统的介绍。

能力目标：
三相异步电动机的工作特性
三相异步电动机的启动、制动方法
三相异步电动机的调速方法
常用低压电器的选择及使用
三相异步电动机的启动、制动控制电路

※ 任务一 三相异步电动机的认识 ※

● 任务描述

交流电动机有同步和异步之分。异步电动机按相数不同，又可分为三相异步电动机和单相异步电动机；按其转子结构不同，又可分为笼型和绕线转子型，其中笼型三相异步电动机具有结构简单、运行可靠、价格低廉、维护方便的特点，应用最为广泛。本任务主要完成三相异步电动机的结构与工作原理及其负载特征，重点分析三相异步电动机的机械特性及电力拖动的相关知识，对单相异步电动机也做简要介绍。

● 方法与步骤

1. 了解变压器的工作过程；

2. 了解交流异步电动机的结构；
3. 掌握交流异步电动机的负载特性；
4. 掌握交流异步电动机的启动方法；
5. 掌握交流异步电动机的制动方法。

◉ 相关知识与技能

第一节　变压器的基本知识

一、变压器的基本工作原理

变压器是在一个闭合的铁芯磁路中，套上两个相互独立的、绝缘的绕组，这两个绕组之间只有磁的耦合，没有电的联系，如图1-1-1所示。通常在一个绕组上接交流电源，称为一次绕组（也称原绕组或初级绕组），其匝数为 N_1；另一侧绕组接负载，称为二次绕组（也称副绕组或次级绕组），其匝数为 N_2。

当在一次绕组中加上交流电压 e_1 时，流过交流电流为 i_1，并建立了交变的磁动势，在铁芯中产生交变磁通，该磁通同时交链一、二次绕组，根据电磁感应定律，在一、二次绕组中产生感应电动势 e_1、e_2。二次绕组在感应电动势 e_2 作用下向负载供电，实现电能传递，其感应电动势瞬时值分别为

$$e_1 = -N_1 \frac{d\phi}{dt}$$

$$e_2 = -N_2 \frac{d\phi}{dt}$$

则

$$\frac{e_1}{e_2} = \frac{E_1}{E_2} = \frac{N_1}{N_2} \qquad (1-1-1)$$

由此可知，改变一次或二次绕组的匝数，便可达到改变二次绕组输出电压 u_{20} 的目的。

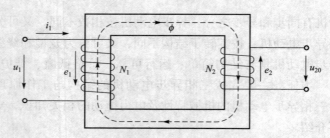

图1-1-1　变压器的基本原理

二、变压器的应用与分类

变压器除了能够变换电压外,还有变换电流、变换阻抗的作用,因此在电力系统和电子设备中获得广泛的应用。

在电力系统中,变压器是输配电能的主要电气设备。三相变压器的输出容量 $S=\sqrt{3}\,UI$,可见在同等容量的情况下电压 U 越高,线路电流越小,则输电线路上的压降和功率损耗也就越小,同时还可以减小输电线的截面积,节省材料,达到减小投资和降低运行费用的目的。我国规定高压输电线路电压为 110 kV、220 kV、330 kV 与 500 kV 等几种,但发电厂的交流发电机受绝缘和制造技术上的限制,难以达到这么高的电压,因此发电机发出的电压需经变压器升高后再输送。从用电方面考虑,均采用低压用电,这一方面是为了用电安全,另一方面是为了使用电设备的绝缘等级降低,以降低制造成本,因此又必须经降压变压器降压,往往经过几次降压后才可供用户使用。在电力系统中变压器对电能的经济输送、灵活分配和安全使用具有重要意义,因此获得了广泛应用。

另外,在测量系统中使用的仪用互感器,可将高电压变换成低电压,或将大电流变换成小电流,以隔离高压和便于测量;在实验室中使用的自耦变压器,可调节输出电压的大小,以满足负载对电压的不同要求;在电子线路中,有电源变压器,还可用变压器来耦合电路、传递信号、实现阻抗匹配等。

变压器的种类很多,按用途不同主要分为:

(1) 电力变压器:供输配电系统中升压或降压用。
(2) 特殊变压器:如电炉变压器、电焊变压器和整流变压器等。
(3) 仪用互感器:如电压互感器与电流互感器。
(4) 试验变压器:高压试验用。
(5) 控制用变压器:控制线路中使用。
(6) 调压器:用来调节电压。

第二节 三相异步电动机

一、三相异步电动机的工作原理

1. 三相异步电动机的基本结构

三相异步电动机由定子和转子两个基本部分组成,如图 1-1-2 所示。定子铁芯为圆桶形,由互相绝缘的硅钢片叠成,铁芯内圆表面的槽中放置着对称的三相绕组 U1U2、V1V2、W1W2。转子铁芯为圆柱形,也用硅钢片叠成,表面的槽中有转子绕组。转子绕组有笼型和绕线型两种形式。笼型的转子绕组做成笼状,在转子铁芯的槽中放入铜条,其两端用环连接。或者在槽中浇铸铝液,铸成笼

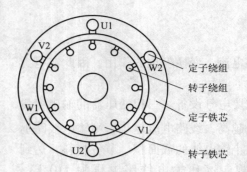

图1-1-2 三相异步电动机结构原理图

型。绕线型的转子绕组同定子绕组一样，也是三相，每相终端连在一起，始端通过滑环、电刷与外部电路相连。

2. 异步电动机的工作原理

笼型与绕线型只是在转子的结构上不同，它们的工作原理是一样的。电动机定子三相绕组：U1U2、V1V2、W1W2可以联结成星形也可以联结成三角形，如图1-1-3所示。

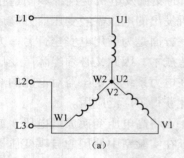

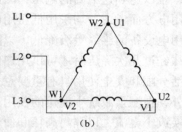

图1-1-3 定子三相绕组的联结
(a) 星形联结（Y）；(b) 三角形联结（△）

假设将定子绕组联结成星形，并接在三相电源上，绕组中便通入三相对称电流，其波形如图1-1-4所示。

$$i_U = I_m \sin\omega t$$
$$i_V = I_m \sin(\omega t - 120°) \quad (1-1-2)$$
$$i_W = I_m \sin(\omega t + 120°)$$

图1-1-4 三相电流波形

三相电流共同产生的合成磁场将随着电流的交变而在空间不断地旋转，即形成所谓的旋转磁场，如图1-1-5所示。

旋转磁场切割转子导体，便在其中感应出电动势和电流，如图1-1-6所示。电动势的方向可由右手定则确定。转子导体电流与旋转磁场相互作用便产生电磁力F并施加于导体上，电磁力F的方向可由左手定则确定。由电磁力产生电磁转矩，从而使电动机转子转动起来。转子转动的方向与磁场旋转的方向相同，而磁场旋转的方向与通入绕组的三相电流的相序有关。如果将联结三相电源的三相绕组端子中的任意两相对调，就可改变转子的旋转方向。

旋转磁场的转速n_0称为同步转速，其大小取决于电流频率f_1和磁场的极对数p。当定子每相绕组只有一个线圈时，绕组的始端之间相差120°空间角，如图1-1-4所示，则产生的旋转磁场具有一对极，即$p=1$。当电流交变一次时，磁

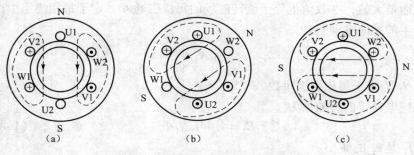

图 1-1-5 三相电流产生旋转磁场
(a) $\omega t = 0°$; (b) $\omega t = 60°$; (c) $\omega t = 90°$

场在空间旋转一周,旋转磁场的(每分钟)转速 $n_0 = 60f_1$。若每相绕组有两个线圈串联,绕组的始端相差 $60°$ 空间角,则产生两对极,即 $p = 2$。电流交变一次时,磁场在空间旋转半周,即(每分钟)转速 $n_0 = \dfrac{60f_1}{2}$,以此类推,可得

$$n_0 = \frac{60f_1}{p} \qquad (1-1-3)$$

式中 n_0 的单位为 r/min。

由工作原理可知,转子的转速 n 必然小于旋转磁场的转速 n_0,即所谓"异步"。二者相差的程度用转差率 s 来表示

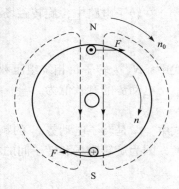

图 1-1-6 转子转动原理图

$$s = \frac{n_0 - n}{n_0} \qquad (1-1-4)$$

一般异步电动机在额定负载时的转差率约为 1%~9%。

二、三相异步电动机的特性分析

三相异步电动机的定子绕组和转子绕组之间的电磁关系同变压器类似,其每相电路图如图 1-1-7 所示。

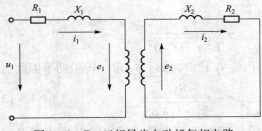

图 1-1-7 三相异步电动机每相电路

图中 u_1 为定子相电压,R_1、X_1 为定子每相绕组电阻和漏磁感抗,R_2、X_2 为转子每相绕组电阻和漏磁感抗。

在定子电路中,旋转磁场通过每相绕组的磁通为 $\Phi = \Phi_m \sin\omega t$。其中 Φ_m 是通过每相绕

组的磁通最大值，在数值上等于旋转磁场的每极磁通 Φ。定子每相绕组中由旋转磁通产生的感应电动势为

$$e_1 = -N_1 \frac{d\Phi}{dt}$$

式中 N_1 为定子每相绕组匝数。

感应电动势的有效值为

$$E_1 = 4.44 f_1 N_1 \Phi \tag{1-1-5}$$

式中 f_1 是 e_1 的频率。

由于绕组电阻 R_1 和漏磁感抗 X_1 较小，其上电压降与电动势 E_1 比较可忽略不计，因此 $U_1 \approx E_1$。

在转子电路中，旋转磁场在每相绕组中感应出的电动势为

$$e_2 = -N_2 \frac{d\Phi}{dt}$$

式中 N_2 为转子每相绕组匝数。

电动势的有效值为

$$E_2 = 4.44 f_2 N_2 \Phi \tag{1-1-6}$$

式中 f_2 是转子电动势 e_2 的频率。

因为旋转磁场和转子间的相对转速为 $(n_0 - n)$，所以

$$f_2 = \frac{p(n_0 - n)}{60} = sf_1 \tag{1-1-7}$$

将式(1-1-7)代入式(1-1-6)得

$$E_2 = 4.44 sf_1 N_2 \Phi \tag{1-1-8}$$

转子每相绕组漏磁感抗 X_2 与转子频率 f_2 有关，即

$$X_2 = 2\pi f_2 L_2 \tag{1-1-9}$$

式中 L_2 为转子每相绕组漏磁电感。

在 $n = 0$ 即 $s = 1$ 时，转子绕组漏磁感抗为

$$X_{20} = 2\pi f_1 L_2 \tag{1-1-10}$$

由式（1-1-9）和（1-1-10）得出

$$X_2 = sX_{20}$$

转子每相绕组的电流为

$$I_2 = \frac{E_2}{\sqrt{R_2^2 + X_2^2}} = \frac{E_2}{\sqrt{R_2^2 + (sX_{20})^2}} \tag{1-1-11}$$

由于转子绕组存在漏磁感抗 X_2，因此 I_2 比 E_2 滞后 φ_2 角。转子功率因数为

$$\cos\varphi_2 = \frac{R_2}{\sqrt{R_2^2 + X_2^2}} = \frac{R_2}{\sqrt{R_2^2 + (sX_{20})^2}} \tag{1-1-12}$$

异步电动机的电磁转矩 T（以下简称转矩）可由转子绕组的电磁功率 P_2 与

转子相对于旋转磁场的角速度 ω_2 之比求出

$$T = \frac{P_2}{\omega_2} = \frac{m_1 E_2 I_2 \cos\varphi_2}{s\omega_0} \qquad (1-1-13)$$

式中 m_1 为定子绕组的相数，旋转磁场的角速度 $\omega_0 = 2\pi f_1/p$。

将式（1-1-5）、（1-1-8）、（1-1-12）代入式（1-1-13）得

$$T = \frac{Km_1 pU_1^2 R_2 s}{2\pi f_1 [R_2^2 + (sX_{20})^2]} \qquad (1-1-14)$$

式中 比例常数 $K = \left(\dfrac{N_2}{N_1}\right)^2$。

当电动机结构参数固定，电源电压不变时，可由式（1-1-14）得到转矩与转差率的关系曲线 $T = f(s)$，称为电动机的机械特性曲线，如图 1-1-8 所示。

图中，与转矩最大值 $T_{\max}$ 对应的转差率 s_c 称为临界转差率。可令 $dT/ds = 0$ 求出

$$s_c = \frac{R_2}{X_{20}} \qquad (1-1-15)$$

把式（1-1-15）代入式（1-1-14）得到

$$T_{\max} = \frac{Km_1 pU_1^2}{4\pi f_1 X_{20}} \qquad (1-1-16)$$

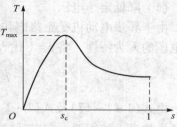

图 1-1-8 电动机的 $T = f(s)$ 曲线

1. 固有机械特性

三相异步电动机的固有机械特性是指异步电动机在额定电压和额定频率下，按规定的接线方式接线，定、转子电路外接电阻和电抗为零时的转速 n 与电磁转矩 T 之间的关系。

上面已找到电磁转矩与转差率之间的关系，考虑到 $n = n_0(1-s)$，则用 $n = f(T)$ 表示异步电动机的机械特性，如图 1-1-9 所示。

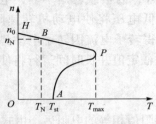

图 1-1-9 三相异步电动机的固有特性

为了描述三相异步电动机机械特性的特点，下面重点介绍几个反映电动机工作的特殊运行点。

(1) 启动点 A。对应这一点的转速 $n=0$（$s=1$），电磁转矩 T 为启动转矩 T_{st}（$T = T_{st}$），启动转矩 T_{st} 反映异步电动机直接启动时的带负载能力。启动电流 I_{st} 为 4~7 倍的额定电流 I_N。

(2) 额定工作点 B。对应于这一点的转速 n_N、电磁转矩 T_N、电流 I_N 都是额定值。这是电动机平稳运转时的工作点。

(3) 同步转速点 H。在这点，电动机以同步转速 n_0 运行，（$s=0$），转子的

感应电动势为零，$I_2=0$，$T=0$。在这一点电动机不输出转矩，它以 n_0 转速运转，需在外力下克服空载转矩方能实现。该点不但所带负载为零，电动机转子电流也为零，是理想空载点。

（4）最大电磁转矩点 P。电动机在这点时能提供最大转矩，这是电动机能提供的极限转矩。这点也叫临界点，转矩为临界转矩，转差率为临界转差率。

2. 人为机械特性

在实际应用中，往往需要人为地改变某些参数，即可得到不同的机械特性，这样改变参数后得到的机械特性称为人为机械特性。由式（1-1-14）可知，电动机的电磁转矩 T 是由某一转速 n 下的电压 U_1、电源频率 f_1、定子极对数 p 以及转子电路的参数 R_2、X_{20} 决定的。因此人为改变这些参数就可得到各种不同的机械特性。下面介绍几种常用的人为机械特性。

（1）降低定子电压

由于异步电动机受磁路饱和以及绝缘、温升等因素的限制，因而只有降低定子电压的人为特性，将 $s=1$ 代入式（1-1-14）得电动机启动转矩表达式为

$$T_{st}=\frac{Km_1pU_1^2R_2}{2\pi f_1[R_2^2+X_{20}^2]} \qquad (1-1-17)$$

由式（1-1-17）及式（1-1-16）可见，当其他参数不变只降低电压 U_1 时，电动机的最大转矩 T_{max} 和启动转矩 T_{st} 与 U_1^2 成正比例下降。又由式（1-1-15）可知，临界转差率 s_c 与定子电压 U_1 无关，且电动机的同步转速 n_0（$n_0=60f_1/p$）也与电压 U_1 无关。可知降低定子电压的人为特性是一组过同步转速点 n_0 的曲线簇。如图1-1-10所示。

值得注意的是，若电压降低过多，使最大转矩 T_{max} 小于负载转矩，则会造成电动机停止运转。另外，因负载转矩不变，电磁转矩也不变，降低电压将使电动机转速降低，转差率增大使得转子电流因转子电动势的增大而增大，从而引起定子电流的增大；若电流超过额定值并长时间运行将使电动机寿命降低。

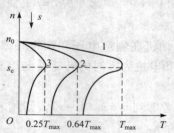

图1-1-10 对应于不同电源电压的人为特性

（2）转子电路串接对称电阻

在绕线型异步电动机三相转子电路中分别串接阻值相等的电阻后，由式（1-1-15）知临界转差率 s_c 是随外串电阻 R_s 增大而增大的，而由式（1-1-16）知最大转矩 T_{max} 不随外串电阻而变，又电动机的同步转速 n_0 与转子外串电阻无关，所以人为特性是一组过同步转速 n_0 点的一簇曲线，如图1-1-11所示。

由式（1-1-17）知，启动转矩 T_{st} 随外串电阻的增大而增大。可选择适当电阻 R_s 接入转子电路，使 T_{max} 发生在 $s_c=1$ 的时刻，即最大转矩发生在启动瞬时，

以改善电动机的启动性能。但如果再增大电阻,启动转矩反而要减小。这是因为过大的电阻接入将使转子电流下降过大所致。

(3) 改变定子电源频率

若保持电动机极对数 p 不变,改变电源频率时,同步转速 $n_0 = 60f_1/p$ 将随电源频率而变化。频率越高,n_0 则越高,反之 n_0 则减小。而由式(1-1-16)和式(1-1-17)知,如果减小 f_1 则最大转矩 T_{max} 和启动转矩 T_{st} 都将随 f_1 减小而增大,临界转差率 s_c 将成反比例增大。不同频率的人为特性如图 1-1-12 所示。

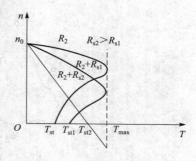

图 1-1-11 对应于不同转子电阻的人为特性

(4) 改变极对数

在保持电源频率 f_1 不变的情况下,改变极对数 p,同步转速 $n_0 = 60f_1/p$ 将随 p 的增大而减小。

一个普通三相异步电动机的极对数是固定不变的。但为了满足某些生产机械实现多级变速的要求,专门生产有极对数可变的多速异步电动机。变极多速异步电动机是利用改变绕组的接法来改变电动机的极对数的,下面以常用的双速异步电动机为例加以说明。

双速异步电动机的定子绕组每相均由两个相同的绕组组成,这两个绕组可以并联,也可以串联。串联时极对数是并联时的两倍。如图 1-1-13 所示。

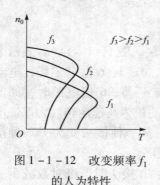

图 1-1-12 改变频率 f_1 的人为特性

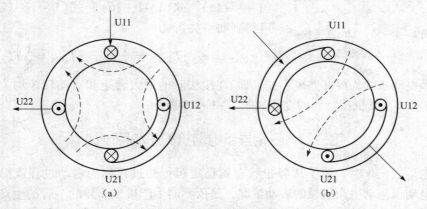

图 1-1-13 定子绕组极对数的改变
(a) 两个绕组串联 $p=2$;(b) 两个绕组并联 $p=1$

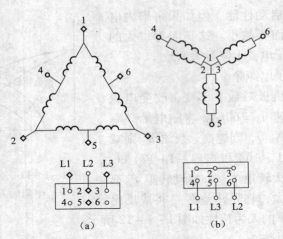

图 1-1-14 双速异步电动机的 YY/△ 接法
(a) △ 接法（低速）；(b) YY 接法（高速）

如图 1-1-14 所示为双速异步电动机的 YY/△ 接法。图 1-1-14(a) 表示电动机三相绕组呈三角形连接，运行时 1、2、3 接电源，4、5、6 空着不接，电动机低速运行；而当 1、2、3 连接在一起，中间接线端 4、5、6 接电源时，如图 1-1-14(b) 所示，电动机为高速运转。为保证电动机旋转方向不变，当从一种接法变为另一种接法时，应改变电源的相序。

当电动机由 △ 变为 YY 接法时，极对数减少一半。相电压 $U_{YY} = \frac{1}{\sqrt{3}} U_\triangle$，将这些关系式代入式 (1-1-15)、式 (1-1-16) 和式 (1-1-17) 中，可得到如下关系式

$$s_{cYY} = s_{c\triangle}; T_{maxYY} = \frac{1}{6} T_{max\triangle}; T_{stYY} = \frac{1}{6} T_{st\triangle}$$

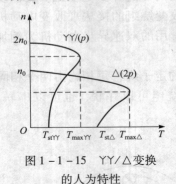

图 1-1-15 YY/△ 变换的人为特性

即电动机的临界转差率不变，而 YY 接法时的最大转矩和启动转矩均为 △ 接法时的 1/6，其机械特性的变化如图 1-1-15 所示。

第三节 三相异步电动机的启动与制动

电动机工作时，转子从静止状态到稳定运行的过程称为启动过程或简称启动。电动机拖动生产机械的启动情况，是依不同生产机械而异的。有的生产机械如电梯、起重机等，其启动时的负载转矩与正常运行时的相同；而机床电动机的启动过程接近空载，待转速接近稳定时再加负载；对于鼓风机，在启动时只有很小的静摩擦转矩，当转速升高时，负载转矩很快增大；还有的生产机械电动机需

频繁启动、停止等。这些都对电动机的启动转矩 T_{st} 提出了不同要求。在电力拖动系统中,一方面要求电动机具有足够大的启动转矩,使拖动系统尽快达到正常运行状态;另一方面要求启动电流不要太大,以免电网产生过大电压降,从而影响接在同一电网上其他用电设备的正常运行。此外,还要求启动设备尽量简单、经济、便于操作和维护。

一、三相笼型异步电动机的启动

三相笼型异步电动机因无法在转子回路中串接电阻,所以只有全压启动和减压启动两种方法。

1. 全压启动

全压启动是将笼型异步电动机定子绕组直接接到额定电压的电源上,故又称直接启动。

全压启动时启动电流大,可达 I_N 的 4~7 倍,启动转矩并不大,一般为 $(0.8 \sim 1.3)T_N$,但启动方法简单,操作方便,如果电源容量允许,应尽量采用。一般 10 kW 及以下电动机均采用直接启动。

2. 减压启动

减压启动一般来说不是降低电源电压,而是采用某种方法,使加在电动机定子绕组上的电压降低。减压启动的目的是减小启动电流,但由于电动机的电磁转矩与定子相电压的平方成正比,在减压启动的同时也减小了电动机的启动转矩。因此这种启动对电网有利,但对被拖负载的启动不利,适用于对启动转矩要求不高的场合。

减压启动常用的方法有:定子串电阻或电抗减压启动、自耦变压器减压启动和星形-三角形减压启动等。

(1) 定子串电阻或电抗减压启动。电动机启动时,在定子电路中串入电阻或电抗,使加在电动机定子绕组上的相电压 $U_{1\phi}$ 低于电源相电压 $U_{N\phi}$(即全压启动时的定子额定相电压),启动电流 I'_{st} 小于全压启动时的启动电流 I_{st}。定子串电阻启动原理电路及等效电路图如图 1-1-16 所示。

设 k 为启动电流所需降低的倍数,则减压启动时的启动电流 I'_{st} 为

$$I'_{st} = \frac{I_{st}}{k} \qquad (1-1-18)$$

串电阻后定子绕组相电压 $U_{1\phi}$ 与电源相电压 U_{1N} 的关系应为

$$U_{1\phi} = \frac{U_{N\phi}}{k}$$

从而减压时的启动转矩 T'_{st} 与全压启动时的启动转矩 T_{st} 关系将为

$$T'_{st} = \frac{T_{st}}{k^2} \qquad (1-1-19)$$

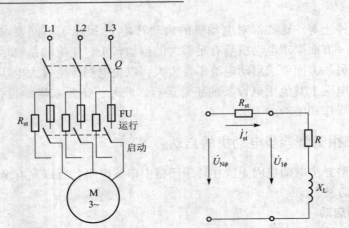

图 1-1-16 笼型异步电动机定子串电阻减压启动
(a) 原理电路图；(b) 等效电路图

这种启动方法具有启动平稳、运行可靠、设备简单之优点，但启动转矩随电压的平方降低，只适合空载或轻载启动，同时启动时电能损耗较大，对于小容量电动机往往采用串电抗减压启动。

（2）自耦变压器减压启动。自耦变压器用作电动机减压启动时，就称为启动补偿器，其接线原理见图 1-1-17。启动时，自耦变压器的高压侧接电网，低压侧（有抽头，供选择）接电动机定子绕组。启动结束，切除自耦变压器，电动机定子绕组直接接至额定电压运行。

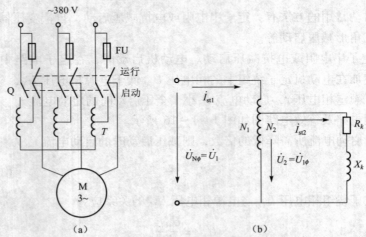

图 1-1-17 笼型异步电动机自耦变压器减压启动
(a) 原理电路图；(b) 一、二次电压、电流关系电路图

自耦变压器减压启动工作原理见图 1-1-17（a），若自耦变压器一次电压

与二次电压之比为 k，则 $k = N_1/N_2 = U_1/U_2 = U_{1\phi}/U_2 > 1$，启动时加在电动机定子绕组上的相电压 $U_{1\phi} = U_2 = U_{N\phi}/k$，电动机的电流（即自耦变压器的二次电流 I_{st2}）为 $I_{st2} = U_{1\phi}/Z_k = U_{N\phi}/kZ_k = I_{st}/k$（$Z_k$ 为电动机 $s = 1$ 时的等值相阻抗，I_{st} 为电动机全压启动时的启动电流）。由于电动机接在自耦变压器的二次侧，自耦变压器的一次侧接电网，故电网供给电动机的一相启动电流，也就是自耦变压器的一次电流 I_{st1} 为

$$I_{st1} = \frac{I_{st2}}{k} = \frac{I_{st}}{k^2} \qquad (1-1-20)$$

又因 $U_{1\phi} = U_{N\phi}/k$，则启动转矩 T'_{st} 为

$$T'_{st} = \frac{T_{st}}{k^2} \qquad (1-1-21)$$

比较上述两种减压启动方法，在限制启动电流相同的情况下，采用自耦变压器减压启动可获得比串电阻或电抗减压启动更大的启动转矩，这是自耦变压器减压启动的主要优点之一。

自耦变压器减压启动的另一优点是，启动补偿器的二次绕组一般有三个抽头，用户可根据电网允许的启动电流和机械负载所需的启动转矩来选择。

采用自耦变压器启动线路较复杂，设备价格较高，且不允许频繁启动。

（3）星形－三角形减压启动。这种启动方法只适用于定子绕组在正常工作时为三角形联结的三相异步电动机。电动机定子绕组的 6 个端头都引出并接到换接开关上，如图 1－1－18 所示。启动时，定子绕组接成星形联结，这时电动机在相电压 $U_{N\phi} = U_N/\sqrt{3}$ 的电压下启动，待电动机转速升高后，再改接成三角形联结，使电动机在额定电压下正常运转。

如图 1－1－18（b）所示，定子绕组△接全压启动时，相电压 $U_{1\phi} = U_N$，每相绕组启动电流为 $U_{N\phi}/Z_k$，线电流 $I_{st\triangle} = \sqrt{3}\,U_N/Z_k$，启动转矩为 T_{st}；如图 1－1－18（c）所示，定子绕组Y接减压启动时，相电压 $U_{1\phi} = U_N/\sqrt{3}$，相电流等于线电流 $I_{stY} = U_N/\sqrt{3}\,Z_k$，比较上述的 $I_{st\triangle}$ 与 I_{stY} 两者关系为

$$I_{stY} = \frac{I_{st\triangle}}{3}$$

或

$$I'_{st} = \frac{I_{st}}{3}$$

可见Y－△减压启动相当于 $k = \sqrt{3}$ 的自耦变压器减压启动，启动电流降到全压启动的 1/3，限流效果好；但启动转矩仅为全压启动时的 1/3，故此种方法只适用于空载或轻载启动。Y－△减压启动具有设备简单，成本低，运行比较可靠的优点。Y系列 4 kW 及以上的三相笼型异步电动机皆为△联结，可以采用Y－△减压启动。

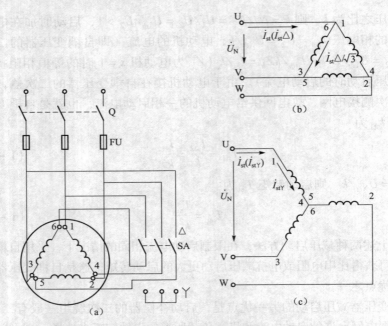

图 1-1-18 笼型异步电动机 Y-△ 减压启动
(a) Y-△ 减压启动电路图；(b) △ 接全压启动；(c) Y 接减压启动

(4) 减压启动方法的比较。表 1-1-1 列出了上述三种减压启动方法的技术参数，并与全压启动做一比较。表中 U'_1/U_{1N} 表示减压启动时加于电动机一相定子绕组上的电压与全压启动时加于定子的额定相电压之比；I'_{st}/I_{st} 表示减压启动时电网向电动机提供的线电流与全压启动时的线电流之比；T'_{st}/T_{st} 为减压启动时电动机产生的启动转矩与全压启动时启动转矩之比。

表 1-1-1 减压启动的技术参数

启动方法	$U_{1\phi}/U_{1N}$	I'_{st}/I_{st}	T'_{st}/T_{st}	特　点
全压启动	1	1	1	启动设备最简单，启动电流大，启动转矩小，只适用于小容量电动机轻载启动
串电阻或电抗启动	$1/k$	$1/k$	$1/k^2$	启动设备较简单，启动电流较小，启动转矩较小，适用于轻载启动，串接电阻时电能损耗大
自耦变压器启动	$1/k$	$1/k^2$	$1/k^2$	启动设备较复杂，可灵活选择电压抽头，得到合适的启动电流和启动转矩，启动转矩较大，可带较大负载启动
Y-△ 启动	$1/\sqrt{3}$	$1/3$	$1/3$	启动设备简单，启动转矩较小，适用于轻载启动，只可用于联结电动机

二、三相绕线转子异步电动机的启动

对于大、中型容量电动机，当需要重载启动时，不仅要限制启动电流，而且要有足够大的启动转矩。为此选用三相绕线转子异步电动机，并在其转子回路中串入三相对称电阻或频敏变阻器来改善启动性能。

（1）转子串电阻启动。图1-1-19为绕线转子异步电动机转子串电阻启动原理图和启动特性图。启动时，合上电源开关Q，三个接触器的触头KM1、KM2、KM3都处于断开状态，电动机转子串入全部电阻值。$R_{st1}+R_{st2}+R_{st3}$启动，对应于人为机械特性曲线4上的a点，电动机转速沿曲线4上升，T_{st}下降，到达b点时，接触器KM1触头闭合，将电阻R_{st1}切除，电动机切换到人为机械特性曲线3上的c点，并沿特性曲线3上升，这样，逐段切除转子电阻，电动机启动转矩始终在T_{st1}和T_{st2}之间变化，直至在固有机械特性曲线的h点，电动机稳定运行。为保证启动过程平衡快速，一般$T_{st1}=(1.5\sim2)T_N$，$T_{st2}=(1.1\sim1.2)T_N$。

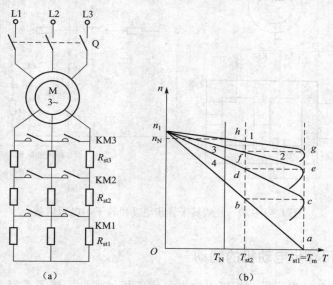

图1-1-19 绕线转子异步电动机转子串电阻启动
(a) 转子启动电阻接线图；(b) 转子串电阻启动特性

（2）转子串频敏变阻器启动。频敏变阻器是一个铁芯损耗很大的三相电抗器，铁芯做成三柱式，由较厚的钢板叠成。每柱上绕一个线圈，三相线圈联结成星形，然后接到绕线转子异步电动机转子绕组上，如图1-1-20所示。转子串频敏变阻器的等效电路如图1-1-20（b）所示，其中R_2为转子绕组电阻，sX_2为转子绕组电抗，R_P为频敏变阻器每相绕组电阻，R_{mP}为反映频敏变阻器铁芯损耗的等效电阻，sX_{mP}为频敏变阻器每相电抗。

电动机启动时，$s=1$，$f_2=f_1$ 铁芯损耗大，R_{mP} 大，而由于启动电流的作用，频敏阻器铁芯饱和，使 X_{mP} 不大。此时相当于在转子电路中串入一个较大的启动电阻 R_{mP}，使启动电流减小而启动转矩增大，获得较好的启动性能。随着电动机转速的升高，s 的减小、f_2 降低，铁芯损耗随频率二次方成正比下降，R_{mP} 减小，此时 sX_{mP} 也减小，相当于随电动机转速的升高，自动且连续地减小启动电阻值。当转速接近额定值时，s_N 很小，f_2 极低，此时 R_{mP} 及 sX_{mP} 都很小，相当于将启动电阻全部切除。此时应将频敏变阻器短接，电动机运行在固有特性上，启动过程结束。由此可知，绕线转子三相异步电动机转子串频敏变阻器启动，具有减小启动电流、又增大启动转矩的优点，同时又具有转子等效电阻随电动机转速升高自动且连续减小的优点，所以启动过程平滑性好。

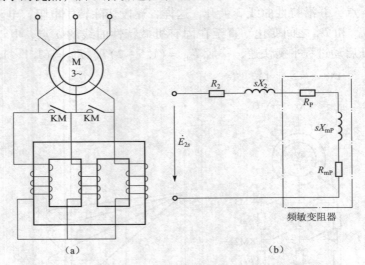

图 1-1-20　绕线转子异步电动机转子串电阻启动

三、三相异步电动机的制动

三相异步电动机定子绕组断开电源，由于机械惯性，转子需经一段时间才停止旋转，这往往不能满足生产机械迅速停车的要求。无论从提高生产率，还是从安全及准确停车等方面考虑，都要求电动机在停止时采取有效的制动。常用的制动方法有机械制动与电气制动。所谓机械制动，是利用外加的机械力使电动机迅速停止的方法。电气制动是使电动机的电磁转矩方向与电动机旋转方向相反，起制动作用。本节仅介绍电气制动方法及其工作原理。三相异步电动机电气制动有反接制动、能耗制动及回馈制动三种方法。

1. 反接制动

三相异步电动机的反接制动有电源反接制动和倒拉反接制动两种。

(1) 电源反接制动

三相异步电动机电源反接制动电路如图 1-1-21(a)所示。在反接制动前,接触器 KM1 的常开主触头闭合, KM2 的常开触头断开, 而 KM2 常闭触头闭合, 将转子电阻短接。三相交流电源接入, 电动机处于正向电动运行状态, 并稳定运行在图 1-1-21 (b)中固有机械特性曲线的 a 点上。停车反接制动时, 接触器的 KM1 常开触头断开, KM2 的常开触头闭合、常闭触头断开。电动机所接电源相序反向, 同时转子串入电阻 R_{2b}, 电动机进入电源反接制动状态。

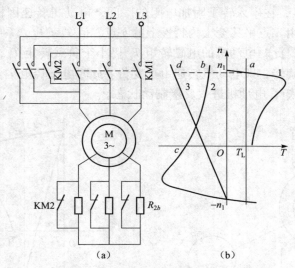

图 1-1-21 三相异步电动机电源反接制动
(a) 原理图;(b) 机械特性曲线

此时, 由于电动机电源反接, 使电动机旋转磁场方向反向, 使电磁转矩 T_b 变为负值, 而此时转子转速因机械惯性来不及变化, 工作点从固有特性的 a 点水平移到曲线 2 上的 b 点, 转速仍为正, 故为制动状态。在 T_b 和负载转矩 T_L 的共同作用下, 电动机转速迅速下降, 当达到 c 点时, 转速为零, 制动结束。对于要求迅速停车的反抗性负载, 此时应立即切断电源, 否则电动机将反向启动。

反接制动时, 理想空载转速由 n_1 变为 $-n_1$, 所以转差率 s 为

$$s = \frac{-n_1 - n}{-n_1} = \frac{n_1 + n}{n_1} > 1$$

上式表明, 反接制动的特点是转差率 $s>1$。电源反接制动机械特性, 实际上是反向电动状态时的机械特性在第 Ⅱ 象限的延伸。电源反接制动时, 从电源输入的电磁功率和从负载送入的机械功率, 将全部消耗在转子电路中。为此, 应在转子电路中串入较大的电阻 R_{2b}, 以减小转子电流, 并消耗大部分功率, 使电动机不致过热而烧坏。转子串入 R_{2b} 的人为机械特性如图 1-1-21(b)中曲线 3 所示。

反接制动时，由固有特性曲线上的 a 点平移至曲线 3 上的 d 点，对应的制动转矩 $|T_d|>|T_b|$，制动转矩增大了，而制动电流反而减小了。

反接制动迅速，但能耗大。对于笼型三相异步电动机，因其转子电路无法串电阻，只能在定子回路中串电阻，因此反接制动不能过于频繁。

（2）倒拉反接制动

当三相异步电动机拖动位能性负载时，如图 1-1-22 所示。设电动机原运行在图 1-1-22(b) 上的固有机械特性曲线的 a 点提升重物，若在其转子回路中串入较大电阻 R_{2b}，在串入转子附加电阻的瞬间，电动机转速因机械惯性来不及变化，故工作点由 a 点平移至人为特性上的 b 点。但 $T_b<T_L$，系统开始减速，当转速 n 降为零时，此时电动机的电磁转矩 T_c 仍小于负载转矩 T_L，在重物作用下拖动电动机反向旋转，即电动机转速由正变负。此时电磁转矩 $T>0$，而转速 $n<0$，T 成为制动转矩，电动机进入反接制动状态。

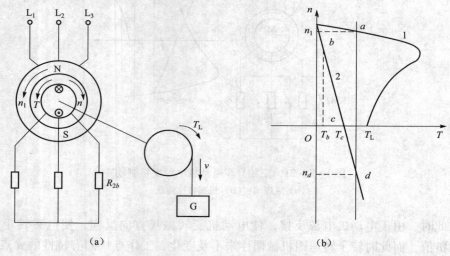

图 1-1-22　三相异步电动机倒拉反接制动
(a) 原理图；(b) 机械特性曲线

在重力负载作用下，电动机反向加速，电动机电磁转矩逐渐增大，当到 d 点时，$T_d=T_L$，电动机以 n_d 转速稳定下放重物，处于稳定制动运行状态。这种倒拉反接制动的转差率为

$$s=\frac{n_1-(-n)}{n_1}=\frac{n_1+n}{n_1}>1$$

所以与电源反接制动一样，倒拉反接制动将电动机输入的电磁功率和负载送入的机械功率全部消耗在转子回路的电阻上，所以能量损耗大，但倒拉反接制动能获得任意低的转速来下放重物，故安全性好。

2. 能耗制动

能耗制动是把原处于电动运行状态的电动机定子绕组从三相交流电源上切除，迅速将其接入直流电源，通入直流电流，如图1-1-23(a)所示。流过电动机定子绕组的直流电流在电动机气隙中产生一个静止的恒定磁场，而转子因惯性继续按原方向旋转，转子导体切割恒定磁场产生感应电动势和感应电流，转子感应电流与恒定磁场相互作用产生电磁力与电磁转矩，由左手定则判断，该电磁转矩的方向与转子旋转n方向相反，起制动作用，与T_L一起迫使电动机转速迅速下降，如图1-1-23(b)所示。直到$n=0$时，转子导体不再切割磁力线，转子感应电动势为零，转子电流为零，电磁力、电磁转矩均为零，制动过程结束。这种制动是将转子动能转换为电能消耗在转子回路的电阻上，动能耗尽，转子停转，故称能耗制动。

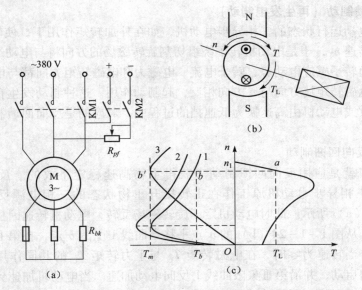

图1-1-23 三相异步电动机能耗制动

能耗制动机械特性曲线分析：由于定子绕组通入的是直流电，建立的是恒定静止的磁场，故能耗制动机械特性曲线过坐标原点。而在能耗制动过程中，定子磁场静止不动，转子切割磁场的转速就是电动机的转速，所以处于能耗制动状态的异步电动机实质上变成了一台交流发电机，所有的输入都是电动机储存的动能，它的负载是转子电路中的电阻，其电压和频率随转子转速降低而降低。因此能耗制动时的机械特性与发电机状态一样，处于第Ⅱ象限，如图1-1-23(c)中曲线1所示。

当电动机定子直流电流一定时，增加转子电阻，产生最大制动转矩的转速也增大，但最大转矩值不变，如图1-1-23(c)中曲线3所示；而当转子电路电阻不变，增大定子直流电流时,则最大制动转矩增大,而产生最大转矩时的转速不变,如图1-1-23(c)中曲线2所示。

能耗制动过程：当电动机定子断开三相交流电源,接入直流电源的瞬间,由于机械惯性电动机转速来不及变化,由原电动状态 a 点平移至曲线1上的 b 点。此时的电磁转矩 T_b 方向与 n_b 方向相反,起制动作用。在 T_b 与 T_L 共同作用下使电动机转速迅速下降,直至 $n=0$,能耗制动结束。

三相异步电动机能耗制动具有制动平稳、能实现准确、快速停车,且不会出现反向启动等特点。另外,由于定子绕组已从交流电网切除,电动机不从电网吸取交流电能,只吸收少量的直流励磁电能,所以从能量角度来讲,能耗制动比较经济。但当转速较低时,制动转矩较小,制动效果较差。能耗制动适用于电动机容量较大和启动、制动频繁的场合。

3. 回馈制动（再生发电制动）

处于电动运行状态的三相异步电动机,如在外加转矩作用下,使转子转速 n 大于同步转速 n_1,于是电动机转子绕组切割旋转磁场的方向将与电动运行状态时相反,因而转子感应电动势、转子电流、电磁力和电磁转矩方向都与电动状态时相反,即电磁转矩场方向与 n 方向相反,起制动作用。这种制动发生在起重机重物高速下放或电动机由高速换为低速挡的过程中,对应的是反向回馈制动与正向回馈制动。

（1）反向回馈制动

起重机就是应用反向回馈制动来获得重物高速稳定下放的。反向回馈制动时,将三相异步电动机原工作在正转提升重物状态的三相电源反接,如图1-1-24(a)所示。此时电动机定子旋转磁场反转,电动机转速因机械惯性来不及变化,从图1-1-24(b)的 a' 点平移至曲线1上的 b' 点,在第Ⅱ象限进行反接制动。当转速为零时,在电磁转矩 T_c 与重力转矩 T_L 的共同作用下,电动机快速反向启动,并沿第Ⅲ象限曲线1反向电动加速。当电动机加速到等于同步速 $-n_1$ 时,虽然电磁转矩降为零,但由于重力转矩 T_L 的作用,仍使电动机继续加速并超过同步转速进入曲线1的第Ⅳ象限。此时转子绕组切割旋转磁场方向与电动机反向电动状态时相反,电磁转矩由第Ⅲ象限的小于零变成第Ⅳ象限的大于零,与转速 n 方向相反,成为制动转矩,进入第Ⅳ象限的反向回馈制动。当 $T_a = T_L$ 时,电动机运行在机械特性曲线的 a 点,匀速高速下放重物,电动机处于稳定反向回馈制动状态运行。

反向回馈制动下放重物时,转子所串电阻越大,下放速度越高,如图1-1-24(b)曲线2中的 b 点。因此,为使反向回馈制动下放重物速度不致过高,应将转子电阻短接或留有很小电阻。

反向回馈制动不但没有从电源吸取电功率,反而向电网输出功率,向电网反馈的电能是由拖动系统的机械能转换而成的。

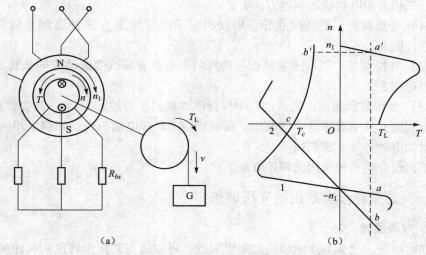

图 1-1-24 三相异步电动机反向回馈制动

（2）正向回馈制动

正向回馈制动发生在变极调速或变频调速过程中，由高速挡变为低速挡的降速时，其机械特性如图 1-1-25 所示。

如果电动机正运行在机械特性 1 上的 a 点，当进行变极调速，换接到倍极数运行时，将从机械特性 1 换接成机械特性 2，因机械惯性，转子转速 n 来不及变化，工作点由 a 点平移至 b 点，且 $n_b > n'_1$，进入正向回馈制动。在 T_b 与

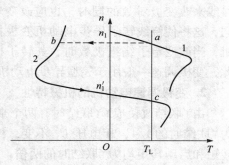

图 1-1-25 三相异步电动机正向
回馈制动机械特性

T_L 共同作用下，电动机转速迅速下降，从 b 点到 n'_1 的降速过程都为回馈制动过程。当 $n = n'_1$ 时，电磁转矩为零，但在负载转矩 T_L 作用下转速继续下降，从 n'_1 到 c 点为电动减速过程。当到 c 点时，$T = T_L$，电动机在 n_c 转速下稳定运行。所以只有速度从 n_b 降为 n'_1 的过程为正向回馈制动过程。

● 拓展与提高

内容一 三相异步电动机的调速

随着电力电子技术、计算机技术和自动控制技术的迅猛发展，交流电动机调速技术日趋完善，大有取代直流调速的趋势，根据三相异步电动机的转速公式

$$n = (1-s)n_1 = (1-s)\frac{60f_1}{p}$$

可知，三相异步电动机的调速方法有：

（1）变频调速：通过改变异步电动机定子电源频率 f_1 来改变同步转速 n_1，从而进行调速。

（2）变极调速：通过改变异步电动机的极对数 p 来改变电动机同步转速 n_1，从而进行调速。

（3）变转差率调速：调速过程中保持电动机同步转速 n_1 不变，改变转差率 s 来进行调速，其中有降低定子电压、在绕线转子异步电动机转子回路中串入电阻或串附加电动势等方法调速。

下面仅介绍几种常用的调速方法。

一、笼型异步电动机的变极调速

1. 变极原理

如前所述，改变异步电动机的磁极对数，可以改变其同步转速，从而使电动机在某一负载下的稳定运行转速发生变化，达到调速目的。因为只有当定、转子极数相等时才能产生平均电磁转矩，对于绕线转子异步电动机，在改变定子绕组接线来改变极对数的同时，也应改变转子绕组接线，以保持定、转子极对数相同，这将使绕线转子异步电动机变极接线和控制复杂化。但对于笼型异步电动机，当改变定子绕组极数时，其转子极数可自动跟随定子变化而保持相等。因此，变极调速一般用于笼型异步电动机。

2. 变极调速电动机的机械特性

由Y联结改接成YY联结时，两个半相绕组并联，则定、转子每相绕组的阻抗为Y联结时的1/4，相电压 U_1 不变，极对数减少一半。所以，YY联结时，最大转矩和启动转矩均为Y联结时的两倍，电动机过载能力加大一倍，而临界转差率保持不变，其机械特性如图1-1-26（a）所示。

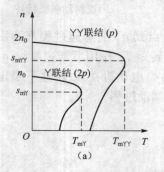
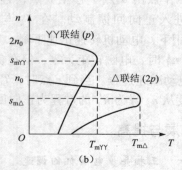

图1-1-26 变极调速时的机械特性
(a) Y→YY；(b) △→YY

由△换接成YY时，定、转子每相绕组阻抗为△联结时的1/4，极对数减少一半，相电压 $U_{YY} = U_{\triangle}/\sqrt{3}$，所以，YY联结时的最大转矩和启动转矩均为△联结的2/3，电动机的过载能力下降，临界转差率不变，机械特性如图 1-1-26（b）所示。

变极调速具有操作简单、成本低、效率高、机械特性硬等特点，而且采用不同的接线方式，既可适用于恒转矩调速又可适用于恒功率调速。但是，变极调速是一种有级调速，而且只能是有限的几挡速度，因而适用于对调速要求不高且不需平滑调速的场合。

二、变频调速

改变电动机交流电源频率，可平滑调节电动机同步转速 n_1，从而使电动机获得平滑调速。但由于电动机正常运行时，电动机的磁路工作在磁化曲线的膝部，$U_1 \approx E_1 = 4.44 f_1 N_1 k_1 \Phi_m$，当 f_1 下降，U_1 大小不变时，则主磁通 Φ_m 增加，电动机磁路将进入饱和段，使空载电流 I_0 急剧增大，这样将使电动机负载能力变小。为此，在变频的同时应调节定子电压，以期获得较好的调速性能。

1. 变频与调压的配合

变频时应保持电动机主磁通 Φ_m 不变，为使变频时电动机的主磁通 Φ_m 保持不变，电动机定子电压与频率应有下式关系

$$\frac{U_1}{f_1} = \frac{U_1'}{f_1'} \quad (1-1-22)$$

式中　　U_1——变频前电动机定子绕组相电压；

　　　　f_1——变频前的电源频率；

　　　　f_1'——变频后的电源频率；

　　　　U_1'——f_1' 对应的电动机定子绕组相电压。

当频率在基频以上调节时，由于 U_1 不能大于额定电压，则只能将 Φ_m 下降，从而导致电磁转矩和最大转矩减小，这将影响电动机过载能力，所以变频调速一般在基频向下调速，且要求变频电源的输出电压的大小与其频率成正比例调节。

2. 三相异步电动机变频调速

三相异步电动机启动时，应从低频开始启动，因为在一定低频下启动，启动电流小且启动转矩大，有利于缩短启动时间。

变频调速时，频率的增加要考虑电动机运行情况，如图 1-1-27 所示。当频率由 f_{11} 增加到 f_{13} 时，电动机转速因机械惯性来不及变化，则电动机将由工作点 1 转换到点 2 运行，这时电动机的电磁转矩 T_2 小于负载转矩 T_L，造成电动机减速直至停转，达不到往上调速的目的。

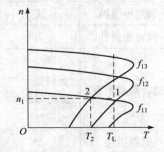

图 1-1-27　三相异步电动机变频启动与调速

3. 变频电源简介

变频调速是以变频器向交流电动机供电并构成调速系统。变频器是把固定电压、固定频率的交流电变换成可调电压、可调频率的交流电的变换器。变换过程中没有中间直流环节的，称为交-交变频器，有中间直流环节的，称为交-直-交变频器。

交-交变频器是将普通恒压恒频的三相交流电通过电力变流器直接转换为可调压调频的三相交流电源，故又称为直接交流变频器。

交-直-交变频器，是先将三相工频电源经整流器整流成直流，再用逆变器将直流变为调频调压的三相交流电。

综上所述，三相异步电动机变频调速有以下几个特点：

（1）从额定频率（基频）向下调速，为恒转矩调速性质（也可进行恒功率调速）；从额定频率往上调速，为近似恒功率调速性质。

（2）频率可连续调节，故变频调速为无级调速。

（3）机械特性硬，调速范围大，转速稳定性好。

除了变极和变频调速以外，还有变转差率 s 的方法。变转差率调速方法很多，有绕线转子异步电动机转子串电阻调速、转子串附加电动势（串级）调速、定子调压调速等。变转差率调速的特点是电动机同步转速保持不变。

表 1-1-2 列出了三相异步电动机调速方案，并对各种方案的调速性能进行了比较。

表 1-1-2 三相异步电动机调速方案及各方案的性能

调速方法 调速指标	改变同步转速 n_1		改变转差率 s		
	改变极对数 （笼型）	改变电源频率 （笼型）	转子串电阻 （绕线转子）	串级 （绕线转子）	改变定子电压 （笼型）
调速方向	上、下调	上、下调	下调	下调	下调
调速范围	不广	宽广	不广	宽广	较广
调速平滑性	差	好	差	好	好
调速稳定性	好	好	差	好	较好
适合负载类型	恒转矩Y/YY 恒功率△/YY	恒转矩 （f_n 以下） 恒功率 （f_n 以上）	恒转矩	恒转矩 恒功率	恒转矩 通风机型
电能损耗	小	小	低速时大	小	低速时大
设备投资	少	多	少	多	较多

内容二　单相异步电动机

使用单相交流电源的异步电动机称为单相异步电动机。这种电动机具有结构简单、使用方便、运行可靠等优点，广泛应用于家用电器、医疗器械、自动控制系统及小型电气设备中。

单相异步电动机结构与笼型异步电动机相似，但只有转子，只采用笼型结构，定子只安装单相绕组或两相绕组。与同容量的三相异步电动机相比，单相异步电动机体积较大，运行性能较差，但当容量不大时，这些缺点不明显，所以单相异步电动机的容量较小，一般功率在几瓦到几百瓦之间。

一、单相异步电动机的分类和启动方法

由于单相异步电动机的启动转矩 $T_{st}=0$，所以需采用其他途径产生启动转矩。按照启动方法与结构不同，单相异步电动机可分为分相式和罩极式。

（1）单相分相式异步电动机。这种电动机是在电动机定子上安放两套绕组，一个是工作绕组 U_1-U_2，另一个是启动绕组 V_1-V_2。这两个绕组在空间相差 90°电角。启动绕组 V_1-V_2 串联适当的电阻或电容器后再与工作绕组 U_1-U_2 并联，接于单相交流电源上，并尽量设计成在 U_1-U_2 与 V_1-V_2 绕组中流进大小相等、相位相差 90°电角度的正弦电流，即

$$i_U = I_m \sin\omega t$$

$$i_V = I_m \sin(\omega t + 90°)$$

图 1-1-28 为 i_U、i_V 电流波形，且规定电流从绕组首端流入，末端流出时为正，再仿照分析三相交流电流产生旋转磁场的分析方法，选取几个不同的时刻，来分析单相异步电动机两套绕组通入不同相位电流时，产生合成磁场的情况。由图 1-1-28 可知，随时间的推移，当 ωt 经 360°电角度后，合成磁场在空间也转过了 360°电角度，所以合成磁场为一个旋转磁场。该旋转磁场的旋转速度也为 $n_1=60f_1/p$。用同样的方法可以分析得出，当两个绕组在空间上不相差 90°电角度或通入的 i_U、i_V 在相位上不相差 90°电角度时，则气隙中产生的将是一个幅值变动的椭圆形旋转磁场。在旋转磁场的作用下，单相异步电动机启动旋转并加速到稳定速度。

启动绕组一般按短时运行设计，故在启动绕组中串有离心开关或继电器触头，在电动机转速达到 75%~80% 额定转速时，开关自动断开，使启动绕组脱离电源，以后由工作绕组单独运行。

单相分相异步电动机按其中串接在启动绕组中的元件不同，有电阻分相式与电容分相式两种。

● 单相电阻分相式电动机。这种电动机工作绕组 U_1-U_2 导线粗、电阻小，启动绕组 V_1-V_2 导线细，电阻大，或在启动绕组支路电阻值之后并接于同一单相交流电源上，如图 1-1-29（a）所示。图中 R 为外串电阻，S 为离心开关常

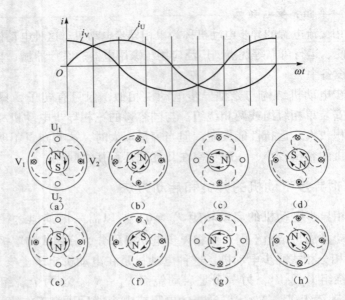

图 1-1-28 单相异步电动机的旋转磁场

(a) $\omega t = 0$; (b) $\omega t = \dfrac{\pi}{4}$; (c) $\omega t = \dfrac{\pi}{2}$; (d) $\omega t = \dfrac{3\pi}{4}$;

(e) $\omega t = \pi$; (f) $\omega t = \dfrac{5\pi}{4}$; (g) $\omega t = \dfrac{3\pi}{2}$; (h) $\omega t = \dfrac{7\pi}{4}$

闭触头。

启动时,由于工作绕组和启动绕组两条支路阻抗不同,流过两个绕组的电流 $\dot{i}_U$、$\dot{i}_V$ 相位不同,如图 1-1-29 (b) 所示,产生椭圆形旋转磁场,从而产生了启动转矩。电动机启动后,当转速达到一定值时,离心开关 S 触头打开,将启动绕组从电源上切除,剩下的工作绕组进入运行状态。

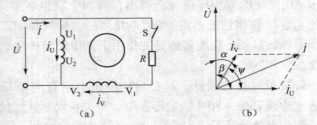

图 1-1-29 单相电阻分相式异步电动机
(a) 接线图; (b) 相量图

从图 1-1-29 (b) 可以看出,$\dot{i}_U$ 与 $\dot{i}_V$ 之间的相位差小于 90°电角,所以启动时电动机建立的是椭圆形的旋转磁场,产生的启动转矩较小,启动电流较大。

• 单相电容分相式电动机。这种电动机启动绕组串接一个电容器后与工作绕组并接在同一单相交流电源上，如图1-1-30（a）所示。如果电容器选择适当，可使启动绕组中电流 i_V 超前于工作绕组中电流 i_U 90°电角，如图1-1-30

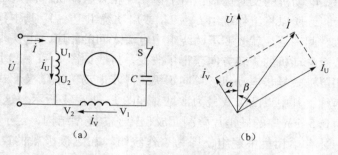

图 1-1-30 单相电容分相式电动机
（a）接线图；（b）相量图

（b）所示。这就能在启动时获得一个较接近圆形的旋转磁场，获得较大的启动转矩和较小的启动电流。当转速达到一定值时，离心开关 S 常闭触头断开，将启动绕组从电源上断开，剩下工作绕组进入稳定运行。

• 单相电容运转电动机。若将电容分相式电动机的启动绕组设计成长期工作制，且在启动绕组支路不串接离心开关常闭触头，就成为单相电容运转电动机，如图 1-1-31 所示。此种电动机定子气隙磁场较接近圆形旋转磁场，所以其运行性能有较大改善，无论效率，功率因数，过载能力都比普通电动机高，运行也较平稳。一般 300 mm 以上的电风扇电动机和空调器压缩机电动机均采用这种电动机。

• 单相双值电容电动机。为获得较大的启动转矩，又有较好的运行特性，采用两个电容并联后再与启动绕组串联，如图 1-1-32 所示。其中电容器 C_1 电容量较大，C_2 为运行电容器，电容量较小。C_1 和 C_2 共同作为启动电容器，S 为离心开关常闭触头。

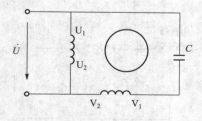

图 1-1-31 单相电容运转电动机图

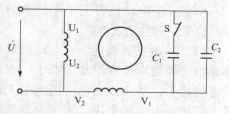

图 1-1-32 单相双值电容器电动机

启动时，C_1和C_2两个电容器并联，电容量为C_1+C_2，电动机启动转矩大。当电动机转速达到一定值时，离心开关触头断开，将电容器C_1断开，此时只有电容器C_2接入运行。因此电动机具有良好的运行性能，常用于家用电器、泵、小型机械上。

单相分相式电动机的反向运转：由于单相分相式电动机转向是由电流领先相转向电流滞后相，所以将工作绕组U_1-U_2或启动绕组V_1-V_2其中任意一个绕组的两个出线端对调一下，就改变了两绕组中电流之间的相序，也就改变了旋转磁场的转向，从而电动机的旋转方向获得了改变。接线如图1-1-33所示。

（2）单相罩极式异步电动机。单向罩极式异步电动机按磁极形式分，有凸极式与隐极式两种，其中以凸极式最为常见，如图1-1-34所示。这种电动机定、转子铁芯均由0.5mm厚的硅钢片叠制而成，转子为笼型结构，定子做成凸极式，在定子凸极上装有单相集中绕组，即为工作绕组。在磁极极靴的1/3～1/4处开有小槽，槽中嵌有短路铜环将部分磁极罩起来，这个短路铜环称为罩极线圈。

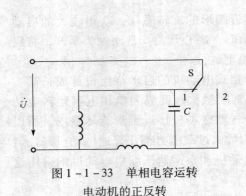

图1-1-33 单相电容运转电动机的正反转

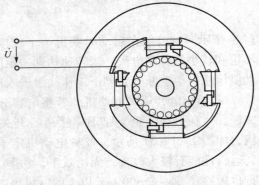

图1-1-34 单相罩极凸极式异步电动机

单相罩极电动机结构简单，制造方便，噪声小，且允许短时过载运行。但启动转矩小，且不能实现正反转，常用于小型电风扇上。

二、单相异步电动机的调速

单相异步电动机目前采用较多的是串电抗器调速和抽头法调速。

（1）串电抗器调速。在电动机电路中串联电抗器后再接在单相电源上，改接电抗器的抽头，从而改变电动机定子工作绕组、启动绕组的端电压，实现电动机转速的调节，如图1-1-35所示。

（2）抽头法调速。在单相异步电动机

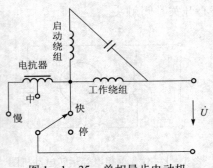

图1-1-35 单相异步电动机串电抗器调速

的定子内,除工作组、启动绕组外,还嵌放一个调速绕组。三套绕组采用不同的接法,通过换接调速绕组的不同抽头,可改变工作绕组的端电压,进而达到电动机转速调节的目的。按调速绕组与工作绕组和启动绕组的接线方式,常用的有T形接线和L形接线两种方式,如图1-1-36所示,其中T形接线调速性能较好。

抽头法调速与串电抗器调速比较,抽头法调速耗电少,但绕组嵌线和接线较为复杂,增加了修理难度。

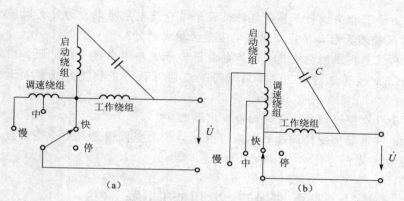

图1-1-36 单相异步电动机抽头法调速线图
(a)T形接线方式;(b)L形接线方式

思考与练习

1. 变压器的主要用途是什么?其基本结构是怎样的?
2. 三相异步电动机的旋转磁场是怎样产生的?其转速由什么决定?对于工频下的2、4、6、8、10极的三相异步电动机的同步转速为多少?
3. 试述三相异步电动机的转动原理。
4. 旋转磁场的转向由什么决定?如何改变旋转磁场的转向?
5. 当三相异步电动机的转子电路开路时,电动机能否转动?为什么?
6. 何谓三相异步电动机的转差率?额定转差率一般是多少?启动瞬时的转差率是多少?
7. 试述三相异步电动机当机械负载增加时,其内部经过怎样的变化,最终使电动机在较以前低的转速下稳定运行?
8. 当三相异步电动机的机械负载增加时,为什么定子电流会随转子电流的增加而增加?
9. 三相异步电动机在空载时的功率因数约为多少?当在额定负载下运行时,功率因数为何会提高?

10. 电网电压太高或太低，都易使三相异步电动机定子绕组过热而损坏，为什么？

11. 三相异步电动机的电磁转矩与电源电压大小有何关系？若电源电压下降20%，电动机最大转矩和启动转矩将变为多大？

12. 为什么在减压启动的各种方法中，自耦变压器减压启动性能相对较好？

13. 三相笼型异步电动机定子回路串电阻启动和串电抗启动相比，哪一种较好？为什么？

14. 对于三相绕线转子异步电动机转子串合适电阻启动，为什么既能减小启动电流，又能增大启动转矩？串入电阻是否越大越好？

15. 桥式起重机的绕线转子异步电动机转子回路中串接可变电阻，当定子绕组按提升方向接通电源时，调节转子可变电阻可获得重物提升或重物下降，为什么？

16. 为什么变极调速时要同时改变电源相序？

17. 电梯电动机变极调速和车床切削电动机的变极调速，定子绕组应采用什么样的改接方式？为什么？

任务二 常用低压电器

● 任务描述

采用电磁原理构成的低压电器元件，称为电磁式低压电器；利用集成电路或电子元件构成的低压电器元件，称为电子式低压电器；利用现代控制原理构成的低压电器元件或装置，称为自动化电器、智能化电器或可通信电器；根据电器控制原理、结构特征和用途，又可分为终端组合式电器、智能化电器和模数化电器等。本任务主要介绍电磁原理构成的低压电器元件和其他常用元件。

● 任务分析

掌握电磁原理及结构是完成本项任务的关键。

● 相关知识与技能

第一节 概　述

凡是对电能的生产、输送、分配和使用起控制、调节、检测、转换及保护作用的电工器械均可称为电器。用于交流 50 Hz 额定电压 1 200 V 以下，直流额定电压 1 500 V 以下的电路起通断保护、控制或调节作用的电器称为低压电器。低压电器的品种规格繁多，构造各异，按其用途可分为配电电器和控制电器；按其动作方式可分为自动电器和手动电器；按其执行机构又可分为有触点电器和无触点电器等。综合考虑各种电器的功能和结构特点，通常将低压电器分为隔离器、熔断器、低压断路器、接触器、继电器、主令电器、电阻器、电磁铁及组合电器等。

图 1-2-1 是交流电机控制原理图及部分电压元器件，相应的低压断路器 QS、熔断器 FU、交流接触器 KM、按钮开关 SB、热继电器 FR 及三相交流异步电动机如图中对应所示。

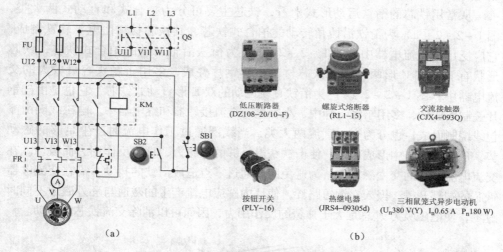

图 1-2-1　为交流电机控制装置原理图
（a）三相交流异步电动机启、停控制原理图；（b）控制图中使用的部分低压元器件

我国低压电器产品品种和质量要求符合国家标准、部颁标准和达到国际电工委员会（IEC）标准的产品不断增加。当前，低压电器继续沿着体积小、重量轻、安全可靠、使用方便的方向发展，主要途径是利用微电子技术提高传统电器的性能；在产品品种方面，大力发展电子化的新型控制电器，如接近开关、光电开关、电子式时间继电器、固态继电器与接触器、漏电继电器、电子式电机保护器和半导体启动器等，以适应控制系统迅速电子化的需要。

本任务主要介绍在机械设备电气控制系统中经常用到的低压电器，着重介绍部分技术先进、符合 IEC 标准的电器产品，为阅读和理解电气控制线路和正确使用及选择这些器件打好基础。

第二节　低压电器的电磁机构及执行机构

电磁式电器在低压电器中占有十分重要的地位，在电气控制系统中应用最为普遍。各种类型的电磁式电器主要由电磁机构和执行机构所组成，电磁机构按其电源种类可分为交流和直流两种，执行机构则可分为触头和灭弧装置两部分。

一、电磁机构

电磁机构的主要作用是将电磁能量转换成机械能量,将电磁机构中吸引线圈的电流转换成电磁力,带动触头动作,完成通断电路的控制作用。

电磁机构由铁芯、衔铁和线圈等几部分组成,其作用原理:当线圈中有工作电流通过时,电磁吸力克服弹簧的反作用力,使得衔铁与铁芯闭合,由连接机构带动相应的触头动作。

从常用铁芯的衔铁运动形式上看,铁芯主要可分为拍合式和直动式两大类,图1-2-2(a)为衔铁沿棱角转动的拍合式铁芯,其铁芯材料由电工软铁制成,它广泛用于直流电器中。图1-2-2(b)为衔铁沿轴转动的拍合式铁芯,铁芯形状有E形和U形两种,其铁芯材料由硅钢片叠成,多用于触头容量较大的交流电器中;图1-2-2(c)为衔铁直线运动的双E形直动式铁芯,它也是由硅钢片叠制而成的,多用于触头为中、小容量的交流接触器和继电器中。电磁线圈由漆包线绕制而成,也分为交、直流两大类,当线圈通过工作电流时产生足够的磁动势,从而在磁路中形成磁通,使衔铁获得足够的电磁力,克服反作用力而吸合。在交流电流产生的交变磁场中,为避免因磁通过零点造成衔铁的抖动,需在交流电器铁芯的端部开槽,嵌入一铜短路环,使环内感应电流产生的磁通与环外磁通不同时过零,使电磁吸力F总是大于弹簧的反作用力,因而可以消除交流铁芯的抖动。

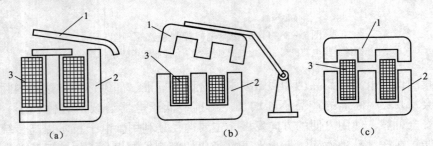

图1-2-2 常用的磁路结构
1—衔铁;2—铁芯;3—吸引线圈

还应指出,对电磁式电器而言,电磁机构的作用是使触头实现自动化操作,但电磁机构实质上就是电磁铁的一种,电磁铁还有很多用途,例如牵引电磁铁,有拉动式和推动式两种,可以用于远距离控制和操作各种机构;阀用电磁铁,可以远距离控制各种气动阀、液压阀以实现机械自动控制;制动电磁铁则用来控制自动抱闸装置,实现快速停车;起重电磁铁用于起重搬运磁性物件等。

二、触头系统

触头的作用是接通或分断电路,因此要求触头具有良好的接触性能,电流容量较小的电器（如接触器、继电器等）常采用银质材料作触头，这是因为银的氧化膜电阻率与纯银相似，可以避免触头表面氧化膜电阻率增加而造成接触不良。

触头的结构有桥式和指式两类。图1-2-3为桥式结构。桥式触头又分为点接触式和面接触式，点接触式适用于电流不大的场合，面接触式

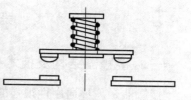

图1-2-3　桥式触点结构形式

适用于电流较大的场合。因指形触头在接通与分断时产生滚动摩擦，可以去掉氧化膜，故其触头可以用紫铜制造，特别适合于触头分合次数多、电流大的场合。

三、灭弧系统

触头在分断电流瞬间，在触头间的气隙中就会产生电弧，电弧的高温能将触头烧损，并可能造成其他事故，因此，应采用适当措施迅速熄灭电弧。

熄灭电弧的主要措施有：① 迅速增加电弧长度（拉长电弧），使得单位长度内维持电弧燃烧的电场强度不够而使电弧熄灭。② 使电弧与流体介质或固体介质相接触，加强冷却和去游离作用，使电弧加快熄灭。电弧有直流电弧和交流电弧两类，交流电流有自然过零点，故其电弧较易熄灭。

低压控制电器常用的具体灭弧方法有：

（1）机械灭弧法。通过机械装置将电弧迅速拉长。这种方法多用于开关电器中。

（2）磁吹灭弧法。在一个与触头串联的磁吹线圈产生的磁场作用下，电弧受电磁力的作用而拉长，被吹入由固体介质构成的灭弧罩内，与固体介质相接触，电弧被冷却而熄灭。

（3）窄缝（纵缝）灭弧法。在电弧所形成的磁场电动力的作用下，可使电弧拉长并进入灭弧罩的窄（纵）缝中，几条纵缝可将电弧分割成数段且与固体介质相接触，电弧便迅速熄灭。这种结构多用于交流接触器上。

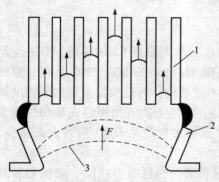

图1-2-4　金属栅片灭弧示意图
1—灭弧栅片；2—触头；3—电弧

（4）栅片灭弧法。当触头分开时，产生的电弧在电动力的作用下被推入一组金属栅片中而被分割成数段，彼此绝缘的金属栅片的每一片都相当于一个电极，因而就有许多个阴阳极压降。对交流电弧来说，近阴极处，在电弧过零时就会出现一个150～250V的介质强度，使电弧无法继续维持而熄灭。由于栅片灭弧效应在交流时要比直流时强得多，所以交流电器常常采用栅片灭弧法，如图1-2-4所示。

第三节 接 触 器

一、接触器结构及技术指标

接触器是一种通用性很强的电磁式电器，它可以频繁地接通和分断交、直流主电路，并可实现远距离控制，主要用来控制电动机，能实现远距离控制，并具有欠（零）电压保护，也可控制电容器、电阻炉和照明器具等电力负载。交流接触器广泛用作电力的开断和控制电路。它利用主接点来开闭电路，用辅助接点来执行控制指令。主接点一般只有常开接点，而辅助接点常有两对具有常开和常闭功能的接点，小型的接触器也经常作为中间继电器配合主电路使用。交流接触器的接点，由银钨合金制成，具有良好的导电性和耐高温烧蚀性。交流接触器的主触头通常有 3 对，直流接触器为 2 对。接触器的动、静触头一般置于灭弧罩内，有一种真空接触器则是将动触头密闭于真空泡中，它具有分断能力高，寿命长，操作频率高，体积小及重量轻等优点，近年来还出现了由晶闸管组成无触头的接触器。

交流接触器又可分为电磁式、永磁式和真空式三种。

随控制对象及其运行方式的不同，交流接触器的工作条件也有很大差别，按其接通和分断条件可分为若干种使用类别，现列举主要的几类如下：

使用类别代号　　　　　典型用途举例
AC – 1（JK0）　　　　无感或微感负载、电阻炉
AC – 2（JK1、JK2）　　绕线转子异步电动机的启动、分断
AC – 3（JK3）　　　　笼型异步电动机的启动、运转中分断
AC – 4（JK4）　　　　笼型异步电动机的启动、反接制动
AC – 5a　　　　　　　控制放电灯的通断
AC – 5b　　　　　　　控制白炽灯的通断
AC – 6a　　　　　　　变压器的通断
AC – 6b　　　　　　　电容器的通断

交流接触器常用型号有 CJ10、CJ12 系列，其新产品有 CJ20 系列，引进生产的交流接触器有德国西门子的 3TB 系列、法国 TE 公司的 LCl、LC2 系列、德国 BBC 的 B 系列等，这些引进产品大多采用积木式结构，可以根据需要加装辅助触头、空气延时触头、热继电器及机械连锁附件，安装方式有用螺钉安装和快速卡装在标准导轨上等两种。新产品的体积和重量都比老产品 CJ10 系列大大减少，而技术性能显著提高。

交流接触器主要有四部分组成：① 电磁系统，包括吸引线圈、动铁芯和静铁芯；② 触头系统，包括三组主触头和一至两组常开、常闭辅助触头，它和动铁芯是连在一起互相联动的；③ 灭弧装置，一般容量较大的交流接触器都

设有灭弧装置，以便迅速切断电弧，免于烧坏主触头；④ 绝缘外壳及附件、各种弹簧、传动机构、短路环、接线柱等。图1-2-5为交流接触器结构示意图。

1）结构和工作原理

接触器主要由电磁机构、触头系统和灭弧装置组成，结构图如图1-2-5（a）所示。

电磁机构：电磁机构包括动铁芯（衔铁）、静铁芯和电磁线圈三部分组成，其作用是将电磁能转换成机械能，产生电磁吸力带动触头动作。

触头系统：是接触器的执行元件，用来接通或断开被控制电路。触头的结构形式很多，按其所控制的电路可分为主触头和辅助触头。主触头用于接通或断开主电路，允许通过较大的电流；辅助触头用于接通或断开控制电路，只能通过较小的电流。

触头按其原始状态可分为常开触头（动合触点）和常闭触头（动断触点）。原始状态时（线圈未通电）断开，线圈通电后闭合的触头叫常开触头；原始状态时（线圈未通电）闭合，线圈通电后断开的触头叫常闭触头。线圈断电后所有触头复位，即恢复到原始状态。

灭弧装置：在分断电流瞬间，触头间的气隙中会产生电弧，电弧的高温能将触头烧损，并可能造成其他事故。因此，应采用适当措施迅速熄灭电弧。常采用灭弧罩、灭弧栅和磁吹灭弧装置。例如CJ20型接触器就有灭弧罩（灭弧室），它是用陶瓷或三聚氰胺（耐弧塑料）制成。

工作原理：接触器根据电磁工作原理，当电磁线圈通电后，线圈电流产生磁场，使静铁芯产生电磁吸力吸引衔铁，并带动触头动作，使常闭触头断开、常开触头闭合，两者是联动的。当电磁线圈断电时，电磁力消失，衔铁在释放弹簧的作用下使触头复原，即常开触头断开、常闭触头闭合。接触器的图形符号、文字符号如图1-2-5（b）所示。

2）交、直流接触器的特点

接触器按其主触头所控制主电路电流的种类可分为交流接触器和直流接触器。

（1）交流接触器线圈通以交流电流，主触头接通、分断交流主电路。当交变磁通穿过铁芯时，将产生涡流和磁～短路环带损耗，使铁芯发热。为减少铁损，铁芯用硅钢片冲压而成。为便于散热，线圈做成短而粗的圆筒状绕在骨架上。为防止交变磁通使衔铁产生强烈振动和噪声，交流接触器铁芯端面上都安装一个铜制的短路环，如图1-2-6所示。短路环的作用是减少交流接触器吸合时产生的振动和噪声。短路环一般用钢、康铜或银铬合金等材料制成。交流接触器的灭弧装置通常采用灭弧罩和灭弧栅。

（2）直流接触器线圈通以直流电流，主触头接通、切断直流主电路。

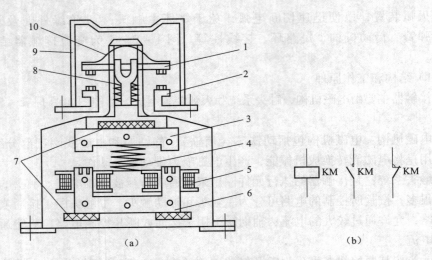

图 1-2-5 交流接触器
(a) 结构图；(b) 电器符号
1—动触桥；2—静触头；3—衔铁；4—缓冲弹簧；5—电磁线圈；6—铁芯；
7—蚰毡；8—触头弹簧；9—灭弧罩；10—触头压力镜片

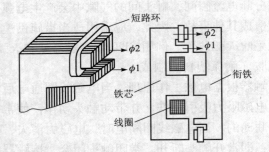

图 1-2-6 交流接触器的短路环

直流接触器铁芯中不产生涡流和磁滞损耗，所以不发热，铁芯可用整块钢制成。为保证散热良好，通常将线圈绕制成长而薄的圆筒状。直流接触器灭弧较难，一般采用灭弧能力较强的磁吹灭弧装置。

3）接触器型号

以 CJ20 型号为例，型号意义如图 1-2-7 所示。

4）接触器的选择

（1）选择接触器触点的额定电压。通常选择接触器触点的额定电压大于或等于负载回路的额定电压。

（2）选择接触器主触点的额定电流。选用接触器主触点的额定电流应大于或等于电动机的额定电流或负载额定电流。

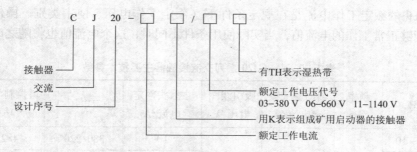

图1-2-7 接触器型号意义图

电动机的额定电流,可按下式推算,即

$$I_N = P_N \times 10^3 / \sqrt{3} U_N \cos\varphi\eta$$

式中 I_N——电动机额定电流,单位为A;
P_N——电动机额定功率,单位为kW;
U_N——电动机额定电压,单位为V;
$\cos\varphi$——电动机功率因数,额定负车运行时,约为0.7~0.8;
η——电动机效率。

额定电压为380 V,功率为100 kW以下的电动机,其$\cos\varphi$约为0.7~0.8。

(3) 选择接触器吸引线圈的电压。接触器吸引线圈电压一般从人身和设备安全角度考虑,可选择低一些;当控制线路简单,用电不多时,可选择220 V或380 V。

(4) 接触器的触点数量、种类选择。接触器的触点数量、种类等应在满足控制线路的要求情况下略有余量。

5) 接触器的安装和使用

(1) 接触器安装前先检查接触器的线圈电压是否符合实际使用要求;然后将铁芯极面上的防锈油擦净,以免油垢积滞造成接触器线圈断电后铁芯不释放;并用手分合接触器的活动部分,检查各触头接触是否良好,不要有卡阻。

(2) 接触器安装时,其底面与地面的倾斜角度应小于5°,安装CJ0系列接触器时,应使两孔面放在上下方向,以利散热。

(3) 接触器的触点不许涂油,当触点表面因电弧作用形成金属小珠时,应及时铲除;但银及银合金触头表面产生的氧化膜由于其接触电阻很小,不必抢修,否则将缩短触头的使用寿命。

部分交流接触器的主要技术参数见表1-2-1和表1-2-2。
选择接触器时应从其工作条件出发,主要考虑下列因素:
① 控制交流负载应选用交流挂触器;控制直流负载则选用直流接触器。
② 接触器的使用类别应与负载性质相一致。
③ 主触头的额定工作电压应大于或等于负载电路的电压。
④ 主触头的额定工作电流应大于或等于负载电路的电流;还要注意的是接触

器主触头的额定工作电流是在规定条件下(额定工作电压、使用类别、操作频率等)能够正常工作的电流值,当实际使用条件不同时,这个电流值也将随之改变。

表1-2-1 CJ20系列交流接触器主要技术参数

型号	频率/Hz	辅助触头额定电流/A	吸引线圈电压/V	主触头额定电流/A	额定电压/V	可控制电动机最大功率/kW
CJ20-10	50	5	36、127 220、380	10	380/220	4/2.2
CJ20-16				16	380/220	7.5/4.5
CJ20-25				25	380/220	11/5.5
CJ20-40				40	380/220	22/11
CJ20-63				63	380/220	30/18
CJ20-100				100	380/220	50/29
CJ20-160				160	380/220	85/4S
CJ20-250				250	380/220	132/80
CJ20-400				400	380/220	220/115

⑤ 吸引线圈的额定电压应与控制回路电压相一致,接触器在线圈额定电压85%及以上时应能可靠地吸合。

⑥ 主触头和辅助触头的数量应能满足控制系统的要求。

表1-2-2 CJ12系列交流接触器主要技术参数

型号	额定电流/A	极数	额定电压	辅助触头		线圈
				容量	对数	额定电压/V
CJ12-100	100	1、3、4、5	交流380	交流1 000V·A/380 直流90W/220	6对常开与常闭点可任意组合	~36 127 220 380
CJ12-150	150					
CJ12-250	250					
CJ12-400	400					
CJ12-600	600					

二、使用方法

1. 使用接法

一般三相接触器共有8个点,三路输入,三路输出,还有控制点两个,输出和输入是对应的。如果要加自锁的话,则还需要从输出点的一个端子将线接到控制点上面。

由交流接触器的原理可知,用外界电源加在线圈上,产生电磁场。加电吸合,断电接触点释放。电源的接点,也就是线圈的两个接点,一般在接触器的下部,并且各在一边。其他的几路输入和输出一般在上部。使用时注意外加电源的电压是多少(220 V 或 380 V),并且注意接触点是常闭还是常开。

2. 型号划分

在电工学上接触器是一种用来接通或断开带负载的主电路或大容量控制电路的自动化切换器,主要控制对象是电动机,此外也用于其他电力负载,如电热器、电焊机、照明设备等,接触器不仅能接通和切断电路,而且还具有低电压释放保护作用。接触器控制容量大,适用于频繁操作和远距离控制,是自动控制系统中的重要元件之一。通用接触器可大致分以下两类。

(1) 交流接触器。主要由电磁机构、触头系统、灭弧装置等组成。常用的是 CJ10、CJ12、CJ12B 等系列。

(2) 直流接触器,一般用于控制直流电器设备,线圈中通以直流电,直流接触器的动作原理和结构基本上与交流接触器是相同的。

第四节 控制继电器

控制继电器主要用于控制与保护电路做信号转换和扩展控制功能的作用。其具有输入电路(由感应元件组成)和输出电路(又称执行元件),当感应元件中的输入量(如电流、电压、温度、压力等)变化到一定值时继电器动作,执行元件便接通和断开控制回路。

控制继电器种类繁多,常用的有电流继电器、电压继电器、中间继电器、时间继电器、热继电器以及温度、压力、计数、频率继电器等。

随着电子元器件的发展应用,使这类继电器比传统的继电器灵敏度更高、寿命更长、动作更快、体积更小,一般都采用密封式或封闭式结构,用插座与外电路连接,便于迅速替换,能与电子线路配合使用。下面对经常使用的几种继电器做简单介绍。

一、电压、电流继电器

根据输入(线圈)电流大小而动作的继电器称为电流继电器。按用途还可分为过电流继电器和欠电流继电器。过电流继电器的任务是当电路发生短路及过流时立即将电路切断,因此过电流继电器线圈通过小于整定电流时继电器不动作,只有超过整定电流时,继电器才动作。过电流继电器的动作电流整定范围,交流过电流继电器为 $110\% \sim 350\% I_N$,直流过电流继电器为 $70\% \sim 300\% I_N$。欠电流继电器的任务是当电路电流过低时立即将电路切断,因此欠电流继电器线圈通过的电流大于或等于整定电流时，继电器吸合，只有电流低于整定电流时，继电器才释放。欠电流继电器动作电流整定范围，吸合电流为 $30\% \sim 50\% I_N$，释放电流为 $10\% \sim 20\% I_N$，欠电流继电器一般是自动复位的。

与此类似，电压继电器是根据输入电压大小而动作的继电器，过电压继电器动作电压整定范围为 $105\% \sim 120\% U_N$，欠电压继电器吸合电压调整范围为 $30\% \sim 50\% U_N$，释放电压调整范围为 $7\% \sim 20\% U_N$。表 1-2-3 为 JL18 系列电流继电器技术参数。

表 1-2-3 JL18 系列电流继电器技术参数

型　号	线圈额定值		结构特征
	工作电压/V	工作电流/A	
JL18-1.0	~380—220	1.0	触头工作电压 ~380 V—220 V 发热电流 10A 可自动及早动复位
JL18-1.6		1.6	
JL18-2.5		2.5	
JL18-4.0		4.0	
JL18-6.3		6.3	
JL18-10		10	
JL18-16		16	
JL18-25		25	
JL18-40		40	
JL18-63		63	
JL18-100		100	
JL18-160		160	
JL18-250		250	
JL18-400		400	
JL18-630		630	

二、中间继电器

中间继电器的作用是将一个输入信号变成多个输出信号，它是起扩展功能或将信号放大（即增大触头容量）的继电器。

常用的中间继电器有 JZ7 系列，以 JZ7-62 为例，JZ 为中间继电器的代号，7 为设计序号，有 6 对常开触头，2 对常闭触头。表 1-2-4 为 JZ7 系列的主要技术数据。

表1-2-4　JZ7系列中间继电器的技术数据

型号	触点额定电压/V	触点额定电流/A	触点对数 常开	触点对数 常闭	吸引线圈电压/V	额定操作频率/(次·h^{-1})
JZ7-44	500	5	4	4	交流50Hz时 12、36、127、220、380	1 200
JZ7-62			6	2		
JZ7-80			8	0		

新型中间继电器触头闭合过程中动、静触头间有一段滑擦、滚压过程，可以有效地清除触头表面的各种生成膜及尘埃，减小了接触电阻，提高了接触可靠性，有的还装了防尘罩或采用密封结构，也是提高可靠性的措施。有些中间继电器安装在插座上，插座有多种形式可供选择，有些中间继电器可直接安装在导轨上，安装和拆卸均很方便。常用的有JZ18、MA、K、HH5、RT11等系列。

三、时间继电器

时间继电器有空气式、电动式、电子式等多种，是一种按照时间原则进行控制的继电器。

1. 空气式时间继电器

它由电磁机构、工作触头及气室三部分组成，它的延时是靠空气的阻尼作用来实现的。常见的型号有JS7-A系列，按其控制原理有通电延时和断电延时两种类型。

图1-2-8为JS7-A型空气阻尼式时间继电器的工作原理图。

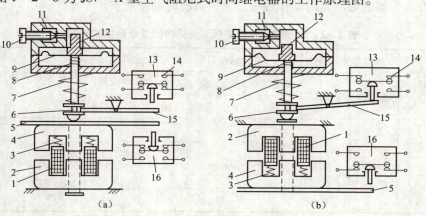

图1-2-8　JS7—A系列时间继电器工作原理图
（a）通电延时型；（b）断电延时型
1—线圈；2—静铁芯；3、7—弹簧；4—衔铁；5—推板；6—顶杆；8—弹簧；9—橡皮膜；
10—螺钉；11—进气孔；12—活塞；13、16—微动开关；14—延时触头；15—杠杆

当通电延时型时间继电器电磁铁线圈 1 通电后,将衔铁吸下,于是顶杆 6 与衔铁间出现一个空隙,当与顶杆相连的活塞在弹簧 7 作用下由上向下移动时,在橡皮膜上面形成空气稀薄的窄间(气室),空气由进气孔逐渐进入气室,活塞因受到空气的阻力,不能迅速下降,在降到一定位置时,杠杆 15 使触头 14 动作(常开触点闭合,常闭触点断开)。线圈断电时,弹簧使衔铁和活塞等复位,空气经橡皮膜与顶杆 6 之间推开的气隙迅速排出,触点瞬时复位。

断电延时型时间继电器与通电延时型时间继电器的原理与结构均相同,只是将其电磁机构翻转 180°安装,即为断电延时型。

空气阻尼式时间继电器延时时间有 0.4~180 s 和 0.4~60 s 两种规格,具有延时范围较宽、结构简单、工作可靠、价格低廉、寿命长等优点,是机床交流控制线路中常用的时间继电器。

时间继电器线圈及触电符号如图 1-2-9 所示。

图 1-2-9　时间继电器线圈及触电符号
(a)线圈一般符号;(b)通电延时线圈;(c)断电延时线圈;(d)延时闭合常开触点;
(e)延时断开常闭触点;(f)延时断开常开触点;(g)延时闭合常闭触点;
(h)瞬时常开触点;(i)瞬时常闭触点

表 1-2-5 为 JS7-A 型空气阻尼式时间继电器技术数据,其中 JS7-2A 型和 JS7-4A 型既带有延时动作触头,又带有瞬时动作触头。

表 1-2-5　JS7-A 型空气阻尼式时间继电器技术数据

型号	触点额定容量		延时触点对数				瞬时动作触点数量		线圈电压/V	延时范围/s
	电压/V	电流/A	线圈通电延时		断电延时					
			常开	常闭	常开	常闭	常开	常闭		
JS7-1A	380	5	1	1					交流 36、127、220、380	0.4~60 及 0.4~100
JS7-2A			1	1			1	1		
JS7-3A					1	1				
JS7-4A					1	1	1	1		

2. 电动机式时间继电器

它由同步电动机、减速齿轮机构、电磁离合系统及执行机构组成,电动式时间继电器延时时间长,可达数十小时,延时精度高,但结构复杂,体积较大,常用的有 JS10、JS11 系列和 7PR 系列。

3. 电子式时间继电器

早期产品多是阻容式，近期开发的产品多为数字式，又称计数式，其结构是由脉冲发生器、计数器、数字显示器、放大器及执行机构组成，具有延时时间长、调节方便、精度高的优点，有的还带有数字显示，应用很广，可取代阻容式、空气式、电动式等时间继电器。我国生产的产品有 JSS1 系列，该系列时间继电器的参数参考有关手册。

四、热继电器

热继电器是专门用来对连续运行的电动机进行过载及断相保护，以防止电动机过热而烧毁的保护电器。

1. 热继电器的结构及工作原理

由图 1-2-10 可知，它主要由双金属片、加热元件、动作机构、触点系统、整定调整装置及手动复位装置等组成。

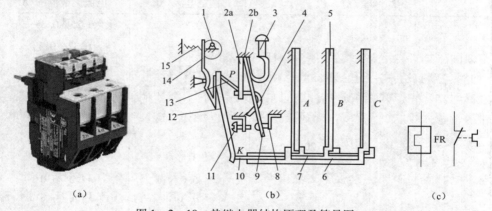

图 1-2-10 热继电器结构原理及符号图
（a）热继电器外形图；（b）热继电器原理图；（c）热继电器符号
1—电流调节凸轮；2a、2b—簧片；3—手动复位按钮；4—弓簧；5—主双金属片；6—外导板；
7—内导板；8—常闭静触点；9—动触点；10—杠杆；11—复位调节螺钉；
12—补偿双金属片；13—推杆；14—连杆；15—压簧

双金属片作为温度检测元件，由两种膨胀系数不同的金属片压焊而成，加热元件加热后，两层金属片伸长率不同而弯曲。加热元件串接在电动机定子绕组中，在电动机正常运行时，热元件产生的热量不会使触点系统动作；当电动机过载，流过热元件的电流加大，经过一定的时间，热元件产生的热量使双金属片的弯曲程度超过一定值，通过导板推动热继电器的触点动作（常开触点闭合，常闭触点断开）。通常用其串接在接触器线圈电路的常闭触点来切断线圈电流，使电动机主电路失电。故障排除后，按手动复位按钮，热继电器触点复位，可以重新接通控制电路。

2. 热继电器主要参数及常用型号

热继电器主要参数有：热继电器的额定电流、相数，热元件的额定电流，整定电流及调节范围等。

① 热继电器的额定电流是指热继电器中，可以安装的热元件的最大整定电流值。

② 热元件的额定电流是指热元件的最大整定电流值。

③ 热继电器的整定电流是指热元件能够长期通过而不致引起热继电器动作的最大电流值。通常热继电器的整定电流是按电动机的额定电流整定的。对于某一热元件的热继电器，可手动调节整定电流旋钮，通过偏心轮机构，调整双金属片与导板的距离，能在一定范围内调节其电流的整定值，使热继电器更好地保护电动机。

表 1-2-6 为 JR16 系列的主要参数。

表 1-2-6　JR16 系列热继电器的主要规格参数

型　号	额定电流/A	热元件规格	
		额定电流/A	电流调节范围/A
JR16-20/3	20	0.35	0.25~0.35
		0.5	0.32~0.5
		0.72	0.45~0.72
		1.1	0.68~1.1
		1.6	1.0~1.6
		2.4	1.5~2.4
		3.5	2.2~3.5
		5.0	3.2~5.0
		7.2	4.5~7.2
JR16-20/30		11.0	6.8~11
		16.0	10.0~16
		22	14~22
JR16-60/3	60	22	14~22
		32	20~32
JR16-60/30	100	45	28~45
		63	45~63
JR16-150/3	150	63	40~63
		85	53~85
JR16-150/30		120	75~120
		160	100~160

五、速度继电器

速度继电器根据电磁感应原理制成,用来在三相交流异步电动机反接制动转速过零时,自动切除反相序电源。图1-2-11为其外形结构原理图。

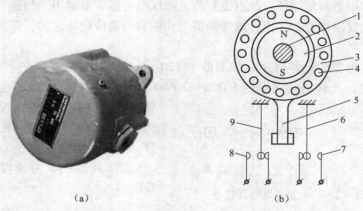

图1-2-11 速度继电器外形和结构原理图
(a)速度继电器外形图;(b)速度继电器原理图
1—转轴;2—转子;3—定子;4—绕阻;5—摆锤;6、9—簧片;7、8—静触点

由图可知,速度继电器主要有转子、圆环(笼型空心绕组)和触点三部分组成。

速度继电器主要用于三相异步电动机反接制动的控制电路中,它的任务是当三相电源的相序改变以后,产生与实际转子转动方向相反的旋转磁场,从而产生制动力矩。因此,使电动机在制动状态下迅速降低速度。在电机转速接近零时立即发出信号,切断电源使之停车(否则电动机开始反方向启动)。它的转子是一个永久磁铁,与电动机或机械轴连接,随着电动机旋转而旋转。定子与鼠笼转子相似,内有短路条,它也围绕着转轴转动。当转子随电动机转动时,它的磁场与定子短路条相切割,产生感应电势及感应电流,这与电动机的工作原理相同,故定子随着转子转动而转动起来。定子转动时带杠杆,杠杆推动触点,使之闭合与分断。当电动机旋转方向改变时,继电器的转子与定子的转向也改变,这时定子就可以触动另外一组触点,使之分断与闭合。当电动机停止时,继电器的触点即恢复原来的静止状态。由于继电器工作时是与电动机同轴的,不论电动机正转或反转,电器的两个常开触点,就有一个闭合,准备实行电动机的制动。一旦开始制动时,由控制系统的连锁触点和速度继电器的备用的闭合触点,形成一个电动机相序反接(俗称倒相)电路,使电动机在反接制动下停车。而当电动机的转速接近零时,速度继电器的制动常开触点分断,从而切断电源,使电动机制动状态结束。速度继电器主要由定子、转子和触点三部分组成。速度继电器的轴与电动机的轴相连接，转子固定在轴上，定子与轴同心。当电动机转动时，速度继电器的转子随之转动，绕组切割磁场产生感应电动势和电流，此电流和永久磁铁的磁场作用产生转矩，使定子向轴的转动方向偏摆，通过摆锤拨动触点，使常闭触点断开、常开触点闭合。当电动机转速下降到接近零时，转矩减小，摆锤在弹簧力的作用下恢复原位，触点也复位。速度继电器大多是用于超速保护，即当电机超速时发出报警，限速，或切断供电；也有的是检测零速的，即判别电机是否已停止。

速度继电器的动作转速一般不低于 120 r/min，复位转速约在 100 r/min 以下，工作时，允许的转速高达 1 000～3 600 r/min。由速度继电器的正转和反转切换触点的动作，来反映电动机转向和速度的变化。常用的型号有 JY_1 和 JFZ_0 型。

图 1-2-12 为速度继电器符号图。

图 1-2-12 速度继电器符号

第五节 熔 断 器

一、熔断器的工作原理

熔断器是一种结构简单，使用方便，价格低廉的保护电器，广泛用于供电线路和电气设备的短路保护。熔断器由熔体和安装熔体的外壳两部分组成，熔体是熔断器的核心，通常用低熔点的铅锡合金、锌、铜、银的丝状或片状材料制成，新型的熔体通常设计成灭弧栅状和具有变截面片状结构。当通过熔断器的电流超过一定数值并经过一定的时间后，电流在熔体上产生的热量使熔体某处熔化而分断电路，从而保护了电路和设备。

熔断器是根据电流超过规定值一段时间后，以其自身产生的热量使熔体熔化，从而使电路断开，运用这种原理制成的一种电流保护器。熔断器广泛应用于高低压配电系统和控制系统以及用电设备中，作为短路和过流的保护器，是应用最普遍的保护器件之一。

熔断器主要由熔体和熔管以及外加填料等部分组成。使用时，将熔断器串联于被保护电路中，当被保护电路的电流超过规定值，并经过一定时间后，由熔体自身产生的热量熔断熔体，使电路断开，从而起到保护的作用。

以金属导体作为熔体而分断电路的电器，串联于电路中，当过载或短路电流通过熔体时，熔体自身将发热而熔断，从而对电力系统、各种电工设备以及家用电器都起到了一定的保护作用。具有反时延特性，当过载电流小时，熔断时间长；过载电流大时，熔断时间短。因此，在一定过载电流范围内至电流恢复正常，熔断器不会熔断，可以继续使用。熔断器主要由熔体、外壳和支座三部分组成，其中熔体是控制熔断特性的关键元件。

熔体的材料、尺寸和形状决定了熔断特性。熔体材料分为低熔点和高熔点两类。低熔点材料如铅和铅合金，其熔点低容易熔断，由于其电阻率较大，故制成熔体的截面尺寸较大，熔断时产生的金属蒸气较多，只适用于低分断能力的熔断器。高熔点材料如铜、银，其熔点高，不容易熔断，但由于其电阻率较低，可制成比低熔点熔体较小的截面尺寸，熔断时产生的金属蒸气少，适用于高分断能力的熔断器。熔体的形状分为丝状和带状两种。改变变截面的形状可显著改变熔断器的熔断特性。

熔断器具有反时延特性，即过载电流小时，熔断时间长；过载电流大时，熔断时间短。所以，在一定过载电流范围内，当电流恢复正常时，熔断器不会熔断，可继续使用。熔断器有各种不同的熔断特性曲线，可以适用于不同类型保护对象的需要。

二、熔断器分类

熔断器按其结构型式有插入式、螺旋式、有填料密封管式、无填料密封管式等，品种规格很多。在电气控制系统中经常选用螺旋式熔断器，它有明显的分断指示和不用任何工具就可取下或更换熔体等优点。最近推出的新产品有RL6、RL7系列，可以取代老产品RL1、RL2系列；RLS2是快速熔断器，用以保护半导体硅整流元件及晶闸管，可取代老产品RLS1系列。RT12、RT15、NGT等系列是存填料封闭管式熔断器，瓷管两端铜帽上焊有联结板，可直接安装在母线排上，RT12、RT15系列带有熔断指示器，熔断时红色指示器弹出。RT14系列熔断器带有撞击器，熔断时撞击器弹出，既可作熔断信号指示，也可触动微动开关以切断接触器线圈电路，使接触器断电，实现三相电动机的断相保护。

（1）螺旋式熔断器如图1-2-13所示。在熔断管装有石英砂，熔体埋于其中，熔体熔断时，电弧喷向石英砂及其缝隙，可迅速降温而熄灭。为了便于监视，熔断器一端装有色点，不同的颜色表示不同的熔体电流，熔体熔断时，色点跳出，示意熔体已熔断。螺旋式熔断器额定电流为

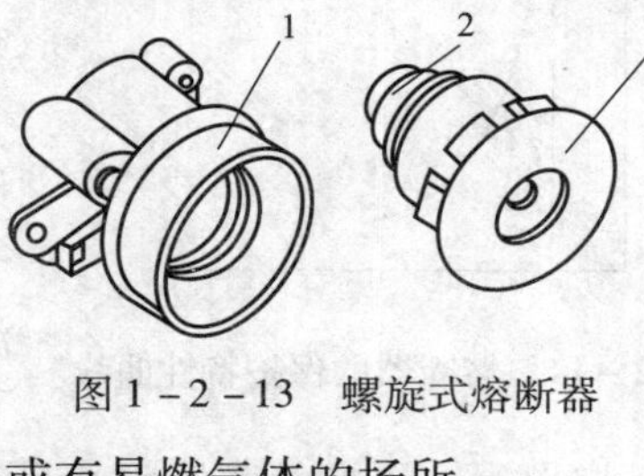

图1-2-13 螺旋式熔断器

5~200 A，主要用于短路电流大的分支电路或有易燃气体的场所。

（2）有填料管式熔断器RT。有填料管式熔断器是一种有限流作用的熔断器。由填有石英砂的瓷熔管、触点和镀银铜栅状熔体组成。填料管式熔断器均装在特别的底座上，如带隔离刀闸的底座或以熔断器为隔离刀的底座上，通过手动机构

操作。填料管式熔断器额定电流为 50～1 000 A，主要用于短路电流大的电路或有易燃气体的场所。

（3）无填料管式熔断器 RM。无填料管式熔断器的熔丝管是由纤维物制成。使用的熔体为变截面的锌合金片。熔体熔断时，纤维熔管的部分纤维物因受热而分解，产生高压气体，使电弧很快熄灭。无填料管式熔断器具有结构简单、保护性能好、使用方便等特点，一般均与刀开关组成熔断器刀开关组合使用。

（4）有填料封闭管式快速熔断器 RS。有填料封闭管式快速熔断器是一种快速动作型的熔断器，由熔断管、触点底座、动作指示器和熔体组成。熔体为银质窄截面或网状形式，熔体为一次性使用，不能自行更换。由于其具有快速动作性，一般作为半导体整流元件保护用。

此外，熔断器根据分断电流范围还可分为一般用途熔断器、后备熔断器和全范围熔断器。一般用途熔断器的分断电流范围指从过载电流大于额定电流1.6～2倍起，到最大分断电流的范围。这种熔断器主要用于保护电力变压器和一般电气设备。后备熔断器的分断电流范围指从过载电流大于额定电流4～7倍起至最大分断电流的范围。这种熔断器常与接触器串联使用，在过载电流小于额定电流4～7倍的范围时，由接触器来实现分断保护。主要用于保护电动机。

随着工业发展的需要，还制造出适于各种不同要求的特殊熔断器，如电子熔断器、热熔断器和自复熔断器等。

三、熔断器的选择

使熔断器熔体熔断的电流值与熔断时间的关系称为熔断器的保护特性曲线，也称为熔断器的安—秒特性，如图 1-2-14 所示，由特性曲线可以看出，流过熔体的电流越大，熔断所需的时间越短。熔体的额定电流 I_{fN} 是熔体长期工作而不致熔断的电流。

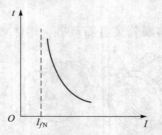

图 1-2-14 熔断器的保护特性曲线

熔断器的选择主要是选择熔断器的种类、额定电压、熔断器额定电流和熔体额定电流等。

熔断器的种类主要由电控系统整体设计时确定，熔断器的额定电压应大于或等于实际电路的工作电压，因此确定熔体电流是选择熔断器的主要任务，具体来说有下列几条原则。

（1）电路上、下两级都装设熔断器时，为使两级保护相互配合良好，两级熔体额定电流的比值不小于 1.6:1。

（2）对于照明线路或电阻炉等没有冲击性电流的负载，熔体的额定电流应大于或等于电路的工作电流，即 $I_{fN} \geq I_e$，式中 I_{fN} 为熔体的额定电流，I_e 为电路的工作电流。

（3）保护一台异步电动机时，考虑电动机冲击电流的影响，熔体的额定电流按下式计算：

$$I_{fN} \geq (1.5 \sim 2.5) I_N$$

式中 I_N 为电动机的额定电流。

（4）保护多台异步电动机时，若各台电动机不同时启动，则应按下式计算：

$$I_{fN} \geq (1.5 \sim 2.5) I_{Nmax} + \sum I_N$$

式中 I_{Nmax} 为容量最大的一台电动机的额定电流；$\sum I_N$ 为其余电动机额定电流的总和。

第六节 低压隔离器

低压隔离器，也称刀开关。低压隔离器是低压电器中结构比较简单，应用十分广泛的一类手动操作电器，品种很多，主要有低压刀开关、熔断器式刀开关和组合开关三种。

隔离器主要是在电源切除后，将线路与电源明显地隔开，以保障检修人员的安全。熔断器式刀开关由刀开关和熔断器组合而成，故兼有两者的功能，即电源隔离和电路保护功能，可分断一定的负载电流。

一、刀开关

低压刀开关由操纵手柄、触刀、触头插座和绝缘底板等组成，图 1-2-15 为其结构简图。

刀开关的主要类型有：带灭弧装置的大容量刀开关、带熔断器的开启式负荷开关（胶盖开关）、带灭弧装置和熔断器的封闭式负荷开关（铁壳开关）等。常用的产品有：HD11-HD14 和 HS11-HS13 系列刀开关，HK1、HK2 系列胶盖开关，HH3、HH4 系列铁壳开关。

例如 HD13-400/31 为带灭弧罩中央杠杆操作的三极单投向刀开关，其额定电流为 400A。刀开关的主要技术参数有长期工作所承受的最大电压——额定电压，长期通过的最大允许电流——额定电流，以及分断能力等。在选用刀开关时，刀开关的额定电压应大于或等于线路的额定电压，额定电流亦然。

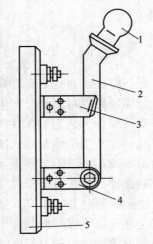

图 1-2-15 低压隔离器结构
1—静插座；2—操纵手柄；3—触刀；
4—支座；5—绝缘底板

近年来我国研制的新产品有 HD18、HD17、HS17 等系列刀形隔离器，HG1

系列熔断器式隔离器等，其技术参数参考有关手册。

二、组合开关

组合开关也是一种刀开关，不过它的刀片是转动式的，操作比较轻巧，它的动触头（刀片）和静触头装在封闭的绝缘件内，采用叠装式结构，其层数由动触头数量决定，动触头装在操作手柄的转轴上，随转轴旋转而改变各对触头的通断状态，组合开关的结构如图1-2-16所示。

由于采用了扭簧储能，可使开关快速接通及分断电路而与手柄旋转速度无关，因此它不仅可用作不频繁地接通、分断及转换交、直流电阻性负载电路，而且降低容量使用时可直接启动和分断运转中的小型异步电动机。

组合开关的主要参数有额定电压、额定电流、极数等。其中额定电流有10A、25A、60A等几级。全国统一设计的常用产品有HZ5、HZ10系列和新型组合开关HZ15等系列。

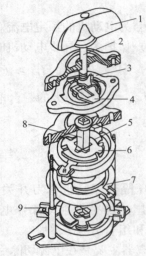

图1-2-16 HZ10型组合开关结构
1—手柄；2—转轴；3—弹簧；4—凸轮；
5—绝缘底板；6—动触头；7—静触头；
8—绝缘方轴；9—接线柱

第七节 低压断路器

低压断路器也称为自动开关，为了和IEC标准一致，现今叫做低压断路器。

低压断路器可用来分配电能，不频繁地启动异步电动机，对电源线路及电动机等实行保护，当它们发生严重的过载或短路及欠电压等故障时能自动切断电路，其功能相当于熔断器式断路器与过流、欠压、热继电器等的组合，而且在分断故障电流后一般不需要更换零部件，因而获得了广泛的应用。

断路器的结构有框架式（又称万能式）和塑料外壳式（又称装置式）两大类。框架式断路器为敞开式结构，适用于大容量配电装置；塑料外壳式断路器的特点是外壳用绝缘材料制作，具有良好的安全性，广泛用于电气控制设备及建筑物内作电源线路保护及对电动机进行过载和短路保护。

低压断路器主要由触头和灭弧装置、各种可供选择的脱扣器与操作机构、自由脱扣机构三部分组成。各种脱扣器包括过流、欠压（失压）脱扣器和热脱扣器等。工作原理如图1-2-17所示。图中选用了过载和欠压两种脱扣器。开关的主触头靠操作机构手动或电动合闸，在正常工作状态下能接通和分断工作电流,当电路发生短路或过流故障时,过流脱扣器的衔铁4被吸合,使自由脱扣机构的钩子脱开,自动开关触头分离,及时有效地切除高达数十倍额定电流的故障电流。若电网电压过低或为零时,衔铁5被释放,自由脱扣机构动作,使断路器触头分离,从而在过流与零压欠压时保证了电路及电路中设备的安全。

塑料外壳断路器的主要参数有:额定工作电压、壳架额定电流等级、极数、脱扣器类型及额定电流、短路分断能力等。

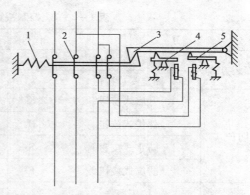

图1-2-17 低压断路器工作原理图
1—释放弹簧;2—主触头;3—钩子;
4—过流脱扣器;5—失压脱扣器

塑壳式断路器的主要产品有 DZ15、DZ20 系列,DZ5、DZ10、DZX10、DZX19 等系列。其中 PZ5 的壳架电流为 10~50 A,DZ10 为 100~600 A。

我国新研制的 DZ20 系列断路器按其极限分断故障电流的能力分为一般型（Y型）、较高型（J型）、最高型（G型）。J型是利用短路电流的巨大电动斥力使触头脱开,紧接着脱扣器动作,故分断时间在 14 ms 以内,G型可在 8~10 ms 以内分断短路电流。

近年来引进生产的低压断路器有 3VE 系列、C45N 系列等产品,我国生产带漏电保护功能的低压断路器有 DZL25 系列漏电断路器等。

部分塑料外壳式低压断路器参数参考有关手册。

第八节 主令电器

主令电器是用来发布命令、改变控制系统工作状态的电器,它可以直接作用于控制电路,也可以通过电磁式电器的转换对电路实现控制,其主要类型有控制按钮、行程开关、万能转换开关、主令控制器、脚踏开关等。

一、控制按钮

按钮是最常用的主令电器,其典型结构如图1-2-18所示。它既有常开触头,也有常闭触头。常态时在复位弹簧的作用下,由桥式动触头将静触头1、2闭合,静触头3、4断开,当按下按钮时,桥式动触头将1、2分断,3、4闭合。1、2被称为常闭触头或动断触头,3、4被称为常开或动合触头。

为了适应控制系统的要求,按钮的结构形式很多,如表1-2-7所示。

表1-2-7 控制按钮主要结构形式

分类		代号	特点
安装方式	面板安装按钮		供开关板、控制台上安装固定用
	固定安装按钮		底部有安装固定孔
防护式	开启式按钮	K	无防护外壳适于嵌装在柜、台面板上
	保护式按钮	H	有防护外壳,可防止偶然触及带电部分
	防水式按钮	S	具有密封外壳,可防止雨水的侵入
	防腐式按钮	F	具有密封外壳,可防止腐蚀性气体的侵入
操作方式	按压操作		按压操作
	旋转操作 手柄式	X	用手柄操作旋钮,有两位置或三位置
	旋转操作 钥匙式	Y	钥匙插入旋钮进行操作,可防止误操作
	拉式	L	用拉杆进行操作,有自锁和自动复位两种
	万向操纵杆式	W	操纵杆能以任何方向进行操作
复位性	自复按钮		外力释放后,按钮依靠弹簧作用恢复原位
	自持按钮		按钮内装有自持用电磁机构或机械机构,主要用作互通信号,一般为面板安装式
结构特征	一般式按钮		一般结构
	带灯按钮	D	按钮内装有信号灯,兼作信号指示
	紧急式按钮	J	一般有暗菇头突出于外面,作紧急时切断电源用

常用的按钮型号有 LA2、LA18、LA19、LA20 及新型号 I-A25 等系列。引进生产的有瑞士 EAO 系列、德国 LAZ 系列等产品。其中 LA2 系列有一对常开和一对常闭触头,具有结构简单、动作可靠、坚固耐用的优点。LA18 系列按钮采用积木式结构,触头数量可按需要进行拼装。

LA19 系列为按钮开关与信号灯的组合,按钮兼作信号灯灯罩,用透明塑料制成。

为标明按钮的作用,避免误操作,通常将按钮帽做成红、绿、黑、黄、蓝、白、灰等颜色。国标 GB5226—85 对按钮颜色做了如下规定。

(1) "停止"和"急停"按钮必须是

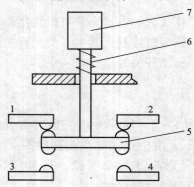

图1-2-18 按钮开关结构示意图
1、2—常闭触头;3、4—常开触头;
5—桥式触头;6—复位弹簧;7—按钮帽

红色。当按下红色按钮时，必须使设备停止工作或断电。

（2）"启动"按钮的颜色是绿色。

（3）"启动"与"停止"交替动作的按钮必须是黑色、白色或灰色，不得用红色和绿色。

（4）"点动"按钮必须是黑色。

（5）"复位"（如保护继电器的复位按钮）必须是蓝色。当复位按钮还有停止的作用时，则必须是红色。

二、行程开关与接近开关

行程开关主要用于检测工作机械的位置，发出命令以控制其运动方向或行程长短，也可实现对工作机构的保护作用。

行程开关按结构分为机械结构的接触式有触点行程开关和电气结构的非接触式的接近开关。

接触式行程开关靠移动物体碰撞行程开关的操动头而使行程开关的常开触头接通和常闭触头分断，从而实现对电路的控制作用，其结构如图1-2-19所示。

行程开关按外壳防护形式分为开启式、防护式及防尘式；按动作速度分为瞬动和慢动（蠕动）；按复位方式分为自动复位和非自动复位；按接线方式分为螺钉式、焊接式及插入式；按操作形式分为直杆式（柱塞式）、直杆滚轮式（滚轮柱塞式）、转臂式、方向式、叉式、铰链杠杆式等；按用途分为一般用途行程开关、起

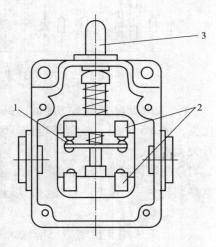

图1-2-19 直动式行程开关结构图
1—动触头；2—静触头；3—推杆

重设备用行程开关及微动开关等多种。常用行程开关的型号有LX19系列、新产品LXK3系列和LXW5系列微动开关等。

LXK3系列、LXW5系列行程、微动开关主要技术参数参考有关手册。

接近开关近年来获得广泛的应用，它是靠移动物体与接近开关的感应头接近时，使其输出一个电信号，故又称为无触头开关。在继电接触器控制系统中应用时，接近开关输出电路要驱动一个中间继电器，由其触头对继电接触器电路进行控制。

接近开关分为电容式和电感式两种，电感式的感应头是一个具有铁氧体磁心的电感线圈，故只能检测金属物体的接近。常用的型号有LJ1、LJ2等系列。图1-2-20为LJ2系列晶体管接近开关电路原理图，由图可知，电路由三极管V1、

振荡线圈 L 及电容器 C_1、C_2、C_3 组成电容三点式高频振荡器，其输出经由 V2 级放大，V3、V4 整流成直流信号，加到三极管 V5 的基极，晶体管 V6、V7 构成施密特电路，V8 级为接近开关的输出电路。

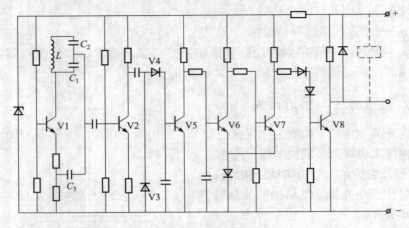

图 1-2-20　LJ2 系列晶体管接近开关电路原理

当开关附近没有金属物体时，高频振荡器谐振，其输出经由 V2 放大并整流成直流，使 V5 导通，施密特电路 V6 截止，V7 饱和导通，输出级 V8 截止，接近开关无输出。

当金属物体接近振荡线圈 L 时，振荡减弱，直至停止，这时 V5 截止，施密特电路翻转，V7 截止，V8 饱和导通，亦有输出。其输出端可带继电器或其他负载。

接近开关采用非接触型感应输入和晶体管作无触头输出的放大与开关电路，线路具有可靠性高、寿命长、操作频率高等优点。

电容式接近开关的感应头只是一个圆形平板电极，这个电极与振荡电路的地线形成一个分布电容，当有导体或介质接近感应头时，电容量增大而使振荡器停振，输出电路发出电信号。由于电容式接近开关既能检测金属，又能检测非金属及液体，因而在国外应用得十分广泛，国内也有 LXJ15 系列和 TC 系列等产品。

部分接近开关资料见有关手册。

三、万能转换开关

万能转换开关是一种多档位、多段式、控制多回路的主令电器，当操作手柄转动时，带动开关内部的凸轮转动，从而使触头按规定顺序闭合或断开。万能转换开关一般用于交流 500 V、直流 440 V、约定发热电流 20 A 以下的电路中，作为电气控制线路的转换和配电设备的远距离控制、电气测量仪表转换，也可用于小容量异步电动机、伺服电动机、微电动机的直接控制。

常用的万能转换开关有 LW5、LW6 系列。

图 1-2-21 为 LW6 系列万能转换开关一层的结构示意图，它主要由触头座、操作定位机构、凸轮、手柄等部分组成，其操作位置有 0~12 个，触头底座有 1~10 层，每层底座均可装三对触头。每层凸轮均可做成不同形状，当操作手柄带动凸轮转到不同位置时，可使各对触头按设置的规律接通和分断，因而这种开关可以组成数百种线路方案，以适应各种复杂要求，故被称为"万能"转换开关。

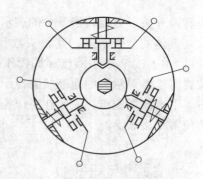

图 1-2-21　万能转换开关单层结构示意图

四、凸轮控制器

凸轮控制器是一种大型的手动控制电器，也是多档次、多触头，利用手动操作，转动凸轮去接通和分断允许通过大电流的触头转换开关。主要用于起重设备，直接控制中、小型绕线转子异步电动机的启动、制动、调速和换向。

凸轮控制器主要由触头、手柄、转轴、凸轮、灭弧罩及定位机构等组成，其结构原理如图 1-2-22 所示。当手柄转动时，在绝缘方轴上的凸轮随之转动，从而使触头组按规定顺序接通、分断电路，改变绕线转子异步电动机定子电路的接法和转子电路的电阻值，直接控制电动机的启动、调速、换向及制动。凸轮控制器与万能转换开关虽然都是用凸轮来控制触头的动作，但两者的用途则完全不同。

我国生产的凸轮控制器系列有 KT10、KT14 及 KT15 系列，其额定电流有 25 A、60 A 及 32 A、63 A 等规格。

凸轮控制器的图形和文字符号及触头通断表示方法如图 1-2-23 所示。它

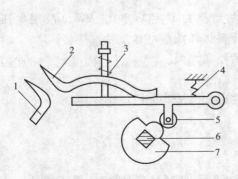

图 1-2-22　凸轮控制器结构原理图
1—静触头；2—动触头；3—触头弹簧；4—复位弹簧；
5—滚子；6—绝缘方轴；7—凸轮

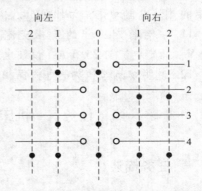

图 1-2-23　凸轮控制器的图形和文字符号

与转换开关、万能转换开关的表示方法相同，操作位置分为零位、向左、向右档位。具体的型号不同，其触头数目的多少也不同。图中数字 1~4 表示触头号，2、1、0、1、2 表示档位（即操作位置）。图中虚线表示操作位置，在不同操作位置时，各对触头的通断状态显示于触头的下方或右侧与虚线相交位置，在触头右、下方涂黑圆点，表示在对应操作位置时触头接通，没涂黑圆点的触头在该操作位置不接通。

思考与练习

1. 试述单相交流电磁铁短路环的作用。
2. 常用的灭弧方法有哪些？
3. 试比较刀开关与负荷（铁壳）开关的差异及各自的用途。
4. 两个 110 V 的交流接触器同时动作时，能否将其两个线圈串联接到 220 V 电路上？
5. 试比较交流接触器线圈通电瞬间和稳定导通电流的大小，并分析其原因。
6. 中间继电器与交流接触器有什么差异？在什么条件下中间继电器也可以用来启动电动机？
7. 两台电动机不同时启动，一台电动机额定电流为 14.8 A，另一台电动机额定电流为 6.47 A，试选择用作短路保护熔断器的额定电流及熔体的额定电流。
8. 在电动机主回路装有 DZ20 系列断路器，是否可以不装熔断器？分析断路器与刀开关及熔断器控制、保护方式的特点。
9. 空气式时间继电器如何调节延时时间？JS7—A 型时间继电器触头有哪几类？画出它们的图形符号。
10. 电动机的启动电流很大，在电动机启动时，能否使其按电动机额定电流整定的热继电器动作？为什么？
11. 一台长期工作的三相交流异步电动机的额定功率 13 kW，额定电压 380 V，额定电流为 25.5 A，试按电动机需要选择热继电器型号、规格。
12. 说明熔断器和热继电器保护功能的不同之处。

✵ 任务三　机床控制线路的基本环节　✵

● 任务描述

电气控制系统是由电气设备及电器元件按照一定的控制要求连接而成的，为了表达设备电气系统的组成结构、工作原理及安装调试、维护等技术要求，需要用统一的工程语言即用工程图的形式来描述，这种工程图即电气图。常用机械设备的电气工程图有三种：电气原理图、接线图、元件布置图。电气工程图是根据国家电气制图标准，用规定的图形符号、文字符号以及规定的画法绘制的。

● **任务分析**

电气原理图、接线图、元件布置图三者中电气原理图是基础。在电气原理图中掌握自锁、互锁、启动和制动技能至关重要。

● **方法与步骤**

1. 会读电气原理图和元件索引方法的使用；
2. 掌握自锁、互锁等基本概念及技能；
3. 掌握三相异步电动机的启动和制动方法。

● **相关知识点与技能**

第一节 机床电气原理图的画法及阅读方法

一、电气控制系统图

电气控制系统由电气设备和各种电器元件按照一定的控制要求连接而成。为了表达设备电气控制系统的组成结构、设计意图，方便分析系统工作原理及安装、调试和检修控制系统等技术要求，需要采用统一的工程语言（图形符号和文字符号）即工程图的形式来表达，这种工程图是一种电气图，叫做电气控制系统图。

常用机械设备的电气控制线路图一般有电气原理图、电气安装图和电气接线图。

1. 电气原理图

电气原理图是用图形符号和项目代号表示电器元件连接关系及电气工作原理的图形，它是在设计部门和生产现场广泛应用的电路图。如图 1-3-1 所示的是某机床电气控制系统的电气原理图实例。

2. 电气安装图

电气安装图用来表示电气设备和电器元件的实际安装位置，是生产机械电气控制设备制造、安装和维修必不可少的技术文件。安装图可集中画在一张图上或将控制柜、操作台的电器元件布置图分别画出，但图中各电器元件代号应与有关原理图和元器件清单上的代号相同。在安装图中，机械设备轮廓是用双点划线画出的，所有可见的和需要表达清楚的电器元件及设备是用粗实线绘出其简单的外形轮廓。其中电器元件不需标注尺寸。某机床电气安装图如图 1-3-2 所示。

安装元件时注意：

项目一 交流电动机及其控制

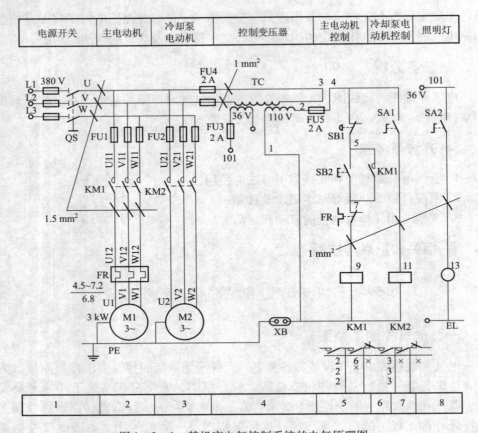

图 1-3-1 某机床电气控制系统的电气原理图

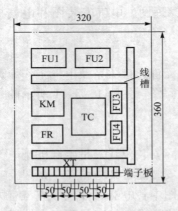

图 1-3-2 某机床电气安装图

（1）上轻下重；发热元件放在上方；

（2）强弱电分开，弱电部分加屏蔽保护；

（3）经常调整的元件安装在中间容易操作的地方；

（4）元件安装不能过密，应留有一定的间隙，便于操作。

3. 电气接线图

电气接线图用来表明电气设备各项目之间的接线关系。主要用于安装接线、线路检查、线路维修和故障处理，在生产现场得到广泛应用。在识读电气接线图时应熟悉绘制电气接线图的4个基本原则。

（1）各电器元件的图形符号、文字符号等均与电气原理图一致。

(2) 外部项目同一电器的各部件画在一起,其布置基本符合电器实际情况。

(3) 不在同一控制箱和同一配电屏上的各电器元件的连接是经接线端子板实现的,电气互联关系以线束表示,连接导线应标明导线参数(数量、截面积、颜色等),一般不标注实际走线途径。

(4) 对于控制装置的外部连接线应在图上或用接线来表示清楚,并标明电源引入点。

图 1-3-3 是某设备的电气接线图。

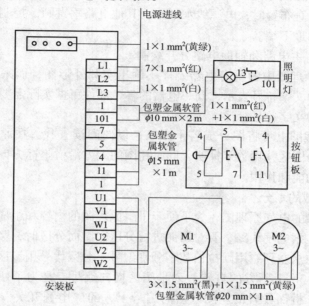

图 1-3-3　某设备的电气接线图

二、电气原理图的画法

1. 常用电气图形符号和文字符号的标准

在电气控制系统图中,电器元件的图形符号和文字符号必须使用国家统一规定的图形符号和文字符号。国家规定从 1990 年 1 月 1 日起,电气控制线路中的图形符号和文字符号必须符合新的国家标准。当前执行的最新标准是国家质量技术监督局颁布的 GB/T 4728.1~4728.13—1996~2000《电气简图用图形符号》、GB/T 6988.1~6988.4—1997~2002《电气技术用文件的编制》、GB/T 6988.6—1993《控制系统功能表图的绘制》、GB/T 7159—1987《电气技术中的文字符号制定通则》。电气图中常用图形符号和文字符号见附录。

2. 电气原理图的画法规则

电气原理图是为了便于阅读和分析控制线路,根据简单清晰的原则,采用电器元件展开的形式绘制成的表示电气控制线路工作原理的图形。电气原理图只表示所有电器元件的导电部件和接线端点之间的相互关系，并不是按照各电器元件的实际布置位置和实际接线情况来绘制的，也不反映电器元件的大小。下面结合如图1-3-1所示某机床的电气原理图说明绘制电气原理图的基本规则和应注意的事项。

（1）电气原理图电路可水平或垂直布置。水平布置时，电源线垂直画，其他电路水平画，控制电路中的耗能元件（如线圈、电磁铁、信号灯等）画在电路的最右端。垂直布置时，电源线水平画，其他电路垂直画，控制电路中的耗能元件画在电路的最下端。

（2）一般将主电路和辅助电路分开绘制。

（3）电气原理图中的所有电器元件不画出实际外形图，而采用国家标准规定的图形符号和文字符号表示，同一电器的各个部件可据实际需要画在不同的地方，但用相同的文字符号标注。

（4）在原理图上可将图分成若干图区，以便阅读查找。在原理图的下方沿横坐标方向划分图区并用数字标明，同时在图的上方沿横坐标方向划区，分别标明该区电路的功能和作用。

3. 图面区域的划分

对于较复杂的电气原理图，为了便于了解原理图的内容和组成部分在图中的位置，有利于检索电气线路，要对图面进行分区，图面分区时，竖向从上到下用拉丁字母，横向从左到右用阿拉伯数字分别编号；分区代号用该区域的字母和数字表示。图1-3-1下方的自然数列是图区横向编号，是为了便于检索电气线路，方便阅读分析而设置的。图区横向编号上方的"电源开关"等字样，表明它对应的下方元件或电路的功能，以便于理解全电路的工作原理。

4. 符号位置的索引

在较复杂的电气原理图中，对继电器、接触器的线圈的文字符号下方要标注其触点位置的索引；而在触点文字符号下方要标注其线圈位置的索引。符号位置的索引，用图号、页次和图区编号的组合索引法，索引代号的组成如图1-3-4所示。

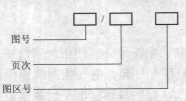

图1-3-4 索引代号的组成

当某一元件相关的各符号元素出现在不同图号的图样上，而当每个图号仅有一页图样时，索引代号可省去页次。当与某一元件相关的各符号元素出现在同一图号的图样上，而该图号有几张图样时，索引代号可省去图号。因此，当与某一元件相关的各符号元素出现在只有一张图样的不同图区时，索引代号只用图区号表示。

在电气原理图中，接触器和继电器线圈与触点的从属关系，应用附图表示。即在原理图中相应线圈的下方，给出触点的图形符号，并在其下面注明相应触点的索引代号。对未使用的触点用"x"表明。有时也可采用省去触点图形符号的表示法。

5. 电气原理图中技术数据的标注

电器元件的技术数据,除在电器元件明细表中标明外,有时也可用小号字体标在其图形符号的旁边。

三、电气原理图阅读和分析方法

阅读电气线路图的方法主要有两种:查线读图法和逻辑代数法。

1. 查线读图法

查线读图法又称直接读图法或跟踪追击法。它是按照线路根据生产过程的工作步骤依次读图。其读图步骤如下。

(1)了解生产工艺与执行电器的关系。在分析电气线路之前,应该熟悉生产机械的工艺情况,充分了解生产机械要完成哪些动作,这些动作之间又有什么联系;然后进一步明确生产机械的动作与执行电器的关系,必要时可以画出简单的工艺流程图,为分析电气线路提供方便。

(2)分析主电路。在分析电气线路时,一般应先从电动机着手,根据主电路中有哪些控制元件的主触点、电阻等大致判断电动机是否有正反转控制、制动控制和调速要求等。

(3)分析控制电路。通常对控制电路按照由上往下或由左往右的顺序依次阅读,可以按主电路的构成情况,把控制电路分解成与主电路相对应的几个基本环节,依次分析,然后把各环节串起来。首先记住各信号元件、控制元件或执行元件的原始状态;然后设想按动了操作按钮,线路中有哪些元件受控动作;这些动作元件的触点又是如何控制其他元件动作的,进而查看受驱动的执行元件有何运动;再继续追查执行元件带动机械运动时,会使哪些信号元件状态发生变化。在读图过程中,特别要注意相互联系和制约关系,直至将线路全部看懂为止。

查线读图法的优点是直观性强,容易掌握,因而得到广泛应用。其缺点是分析复杂线路时容易出错,叙述也较长。

2. 逻辑代数法

逻辑代数法又称间接读图法,是通过对电路的逻辑表达式的运算来分析控制电路的,其关键是正确写出电路的逻辑表达式。

逻辑变量及其函数只有1、0两种取值,用来表示两种不同的逻辑状态。继电器接触器控制线路的元件都是两态元件,它们只有"通"和"断"两种状态,如开关的接通或断开、线圈的通电或断电、触点的闭合或断开等均可用逻辑值表示。因此继电器接触器控制线路的基本规律是符合逻辑代数的运算规律的,是可以用逻辑代数来帮助设计和分析的。

通常把继电器、接触器、电磁阀等线圈通电或按钮、行程开关受力(其常开触点闭合接通），用逻辑 1 表示。把线圈失电或按钮、行程开关未受力（其常开触点断开），用逻辑 0 表示。

在继电器接触器控制线路中，把表示触点状态的逻辑变量称为输入逻辑变量；把表示继电器、接触器等受控元件的逻辑变量称为输出逻辑变量。输出逻辑变量是根据输入逻辑变量经过逻辑运算得出的。输入、输出逻辑变量的这种相互关系称为逻辑函数关系，也可用真值表来表示。

（1）逻辑与。逻辑与用触点串联来实现。如图 1-3-5（a）所示的 KA1 和 KA2 触点串联电路实现了逻辑与运算，只有当触点 KA1 与 KA2 都闭合，即 KA1 = 1 与 KA2 = 1 时，线圈 KM 才得电，KM = 1。否则，若 KA1 或 KA2 有一个断开，即有一个为 0，线路就断开，KM = 0，其逻辑关系为

$$KM = KA1 \cdot KA2$$

逻辑与的运算规则是：$0 \cdot 0 = 0$；$0 \cdot 1 = 1 \cdot 0 = 0$；$1 \cdot 1 = 1$。

（2）逻辑或。逻辑或用触点并联电路实现。如图 1-3-5（b）所示的 KA1 和 KA2 触点并联电路实现逻辑或运算，当触点 KA1 或 KA2 任一个闭合，即 KA1 = 1 或 KA2 = 1 时，线圈 KM 才得电，KM = 1。其逻辑关系为

$$KM = KA1 + KA2$$

逻辑或的运算规则是：$0 + 0 = 0$；$0 + 1 = 1 + 0 = 1$；$1 + 1 = 1$。

（3）逻辑非。逻辑非实际上就是触点状态取反。如图 1-3-5（c）所示电路实现逻辑非运算，当常闭触点 KA 闭合时，则 KM = 1，线圈得电吸合。当常闭触点 KA 断开时，则 KM = 0，线圈不得电。其逻辑关系为

$$KM = \overline{KA}$$

逻辑非运算规则是：$0 = \overline{1}$；$1 = \overline{0}$

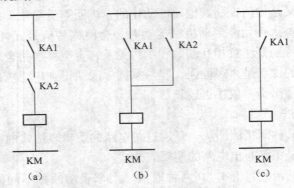

图 1-3-5 基本逻辑电路图
(a) 逻辑与；(b) 逻辑或；(c) 逻辑非

逻辑代数法读图的优点是：各电器元件之间的联系和制约关系在逻辑表达式中一目了然。通过对逻辑函数的具体运算，一般不会遗漏或看错电路的控制功

能。而且采用逻辑代数法后，为电气线路采用计算机辅助分析提供了方便。该方法的主要缺点是：对于复杂的电气线路，其逻辑表达式很繁琐冗长。

第二节 三相异步电动机的启动控制线路

根据电动机容量及供电变压器的容量大小，三相异步电动机有全压启动和降压启动两种方式。

一、全压启动

10 kW 及其以下的三相笼型异步电动机通常采用全压启动，启动时将电动机的定子绕组直接接在额定电压的交流电源上。使电动机由静止状态直接加速到稳定运行状态。中小型异步电动机可采用直接启动方式，直接启动主要有下面几种方式。

1. 点动控制线路

生产过程中，不仅要求生产机械运动部件连续运动，还需要点动控制。图 1-3-6 为电动机点动控制线路。图中组合开关 QS、熔断器 FU、交流接触器 KM 的主触点、热继电器 FR 的热元件与电动机组成主电路，主电路中通过的电流较大。控制电路由启动按钮 SB、接触器 KM 的线圈及热继电器 FR 的常闭触点组成，控制电路中流过的电流较小。

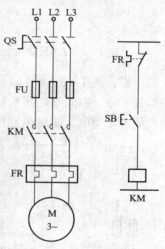

图 1-3-6 点动控制线路

控制线路的工作原理如下：接通电源开关 QS，按下启动按钮 SB，接触器 KM 的吸引线圈通电，常开主触点闭合，电动机定子绕组接通三相电源，电动机启动。松开启动按钮，接触器线圈断电，主触点分开，切断三相电源，电动机停止。

电路中，所有电器的触点都按电器没有通电和没有外力作用时的初始状态画出，如接触器、继电器的触点，按线圈不通电时的状态画出；按钮、行程开关等按不受外力作用时的状态画出。

2. 长动控制线路

如图 1-3-7 所示为长动控制线路。它的工作原理如下：接通电源开关 QS，按下启动按钮 SB2 时，接触器 KM 吸合，主电路接通，电动机 M 启动运行。同时并联在启动按钮 SB2 两端的接触器辅助常开触点也闭合，故即使松开按钮 SB2，控制电路也不会断电，电动机仍能继续运行。按下停止按钮 SB1 时，KM 线圈断电，接触 QS 的所有触点断开，切断主电路，电动机停转。这种依靠接触器自身的辅助触点来使其线圈保持通电的现象称为自锁或自保。

3. 长动和点动控制线路

在实际生产中，往往需要既可以点动又可以长动的控制线路。其主电路相同，但控制电路有多种，如图 1-3-8 所示。

比较图 1-3-8 三种控制线路，图 1-3-8（a）比较简单，它是以开关 SA 的打开与闭合来区别点动与长动的。由于启动均用同一按钮 SB2 控制，若疏忽了开关的动作，就会混淆长动与点动的作用；图 1-3-8（b）虽然将点动按钮 SB3 与长动按钮 SB2 分开了，但当接触器铁芯因油腻或剩磁而发生缓慢释放时，点动可能变成长动，故虽简单但

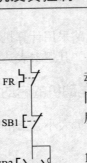

图 1-3-7 长动控制线路

并不可靠；图 1-3-8（c）采用中间继电实现点动控制，可靠性大大提高。点动时按 SB3，中间继电器 KA 的常闭触点断开接触器 KM 的自锁触点，KA 的常开触点使 KM 通电，实现电动机点动。连续控制时，按 SB2 即可。

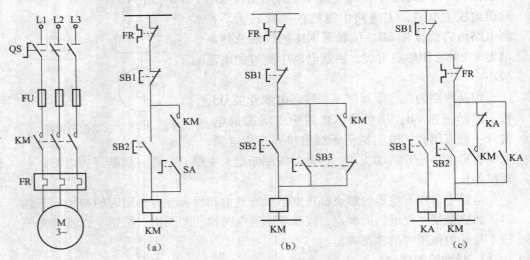

图 1-3-8 点动和长动控制线路
(a) 用开关控制；(b) 用复合按钮控制；(c) 用中间继电器控制

4. 两地控制线路

在实际控制中往往要求对一台电动机能实现两地控制，即在甲、乙两个地方都能对电动机实现启动与停止控制，或在一地启动另一地停止。实现两地控制的基本原则为在控制线路中将两个启动按钮的常开触点并联连接，将两个停止按钮

的常闭触点串联连接。如图1-3-9所示为对一台电动机实现两地控制的控制线路，其中按钮SB1、SB3位于甲地，按钮SB2、SB4位于乙地。

直接启动的优点是不需要任何专用的启动设备，操作简便。缺点是启动电流较大，但是，只要电网的容量足够大，中小型电动机的启动电流一般不会引起电网电压的明显降低，对于接在同一电网中其他负载的运行影响不大。

实际应用中，只要允许使用直接启动的，就应首先考虑使用直接启动法启动电动机。

二、降压启动

对于大、中容量的三相异步电动机，为限制启动电流，减小启动时对负载电压的影响，当电动机容量超过供电变压器容量的一定比例时，一般都应采用降压启动，以防止过大的启动电流引起电源电压的下降。定子侧降压启动常用的方法有Y-△降压启动、定子串电阻降压启动、定子串自耦变压器降压启动等。

1. Y-△降压启动控制线路

Y-△降压启动仅用于正常运行时定子绕组为△联结的电动机。Y-

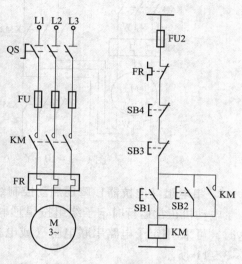

图1-3-9 两地控制线路

△启动时，电动机绕组先接成Y形，待转速增加到一定程度时，再将线路切换成△形联结。这种方法可使每相定子绕组所承受的电压在启动时降低到电源电压的$1/\sqrt{3}$，其电流为直接启动时的1/3。由于启动电流减小，启动转矩也同时减小到直接启动的1/3，这种方法一般只适用于空载或轻载启动的场合。

Y-△降压启动电路如图1-3-10所示。工作原理如下。

先合上电源开关QS，按下启动按钮SB2，接触器KM1、KM3线圈得电，KM1、KM3的主触点闭合使电动机定子绕组联结成星形，接入三相电源进行降压启动。同时，时间继电器KT线圈得电，经一段延时后，其延时断开常闭触点KT断开，KM3失电，而延时闭合常开触点KT闭合，KM2线圈得电并自锁，电动机绕组联结成三角形全压运行。

图中KM3动作后，它的常闭触点将KM2的线圈断开，这样防止了KM2再动作。同样KM2动作后，它的常闭触点将KM3的线圈断开，可防止KM3再动作。接触器辅助触点这种互相制约的关系称为"互锁"或"连锁"，这种互锁关系，可保证启动过程中KM2与KM3的主触点不能同时闭合，以防止电源短路。KM2的常闭触点同时也使时间继电器KT断电。

项目一 交流电动机及其控制

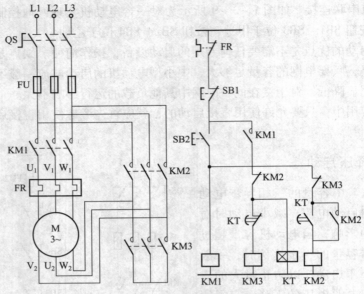

图 1-3-10 Y-△降压启动控制电路

2. 串电阻（电抗器）降压启动控制线路

电动机正常运行时定子绕组按星形联结，不能采用Y-△方法做降压启动，这时，可采用定子电路串联电阻（或电抗器）的降压启动方法，控制线路如图 1-3-11 所示。

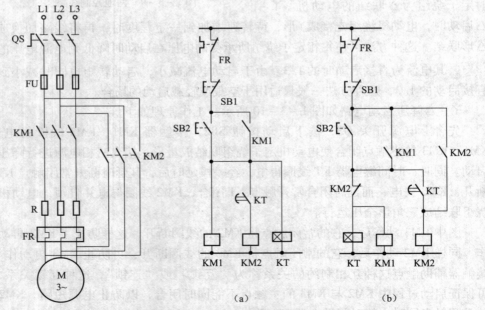

图 1-3-11 串电阻（电抗器）降压启动控制线路

任务三 机床控制线路的基本环节

在电动机启动时，将电阻（或电抗器）串联在定子绕组与电源之间，由于串联电阻（或电抗器）起到了分压作用，电动机定子绕组上所承受的电压只是额定电压的一部分，这样就限制了启动电流，当电动机的转速上升到一定值时，再将电阻（或电抗器）短接，电动机便在额定电压下正常运行。

图 1-3-11（a）中，合上电源开关 QS，按下按钮 SB2，接触器 KM1 和时间继电器 KT 的线圈同时得电，KM1 闭合自锁，KM1 主触点闭合，电动机串联电阻（或电抗器）降压启动。其后，KT 的常开延时闭合触点延时闭合，KM2 线圈得电，KM2 主触点闭合，电阻（或电抗器）被短接，电动机开始以额定电压运转。图 1-3-11（b）线路中，接触器 KM2 得电后，其常闭触点将 KM1 和 KT 的线圈电路断电，同时 KM2 自锁。这样电动机启动后，只有 KM2 得电，使电动机正常运行。

3. 定子串自耦变压器降压启动

这种方法是利用自耦变压器将电源电压降低后再加到电动机定子绕组端，达到减小启动电流的目的，如图 1-3-12 所示。设自耦变压器的一次侧电压 U_1（即电源电压），电流为 I_1，二次侧电压为 U_2，电流为 I_2，变压比为 k，则：

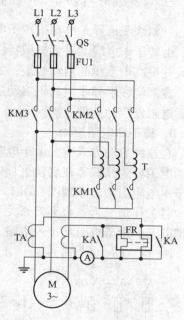

图 1-3-12 自耦变压器降压启动

$$I_{st2} = \frac{1}{k} I_{st}$$

启动时，经自耦变压器后，加在三相笼形异步电动机定子绕组端的线电压为 U_1/k，此时电动机定子绕组上的启动电压为全压启动时的 $1/k$，即

$$\frac{U_1}{U_2} = \frac{I_{st2}}{I_{st1}} = k \qquad I_{st1} = \frac{I_{st2}}{k} = \frac{1}{k^2} I_{st}$$

式中 I_{st2}——电动机电压为 U_1/k 时的启动电流，即自耦变压器二次侧电流。

I_{st}——电动机全压启动时的电流。

I_{st1}——电动机电压为 U_1/k 时电网上流经的电流，即自耦变压器一次侧电流，所以电动机从电网吸取的电流。由于自耦变压器一次侧的电流小于二次侧的电流，故在相同的启动电压下，自耦变压器降压启动比Y/△降压启动向电源吸取的电流要小。

图 1-3-12 的控制原理是合上 QS 后，令 KM1 触点先将自耦变压器做星形联结，再由 KM2 接通电源，电动机定子绕组经自耦变压器实现减压启动。当电

动机的转速接近于额定转速时，令 KM1、KM2 断开而 KM3 闭合直接将全电压加在电动机上，启动过程结束，进入全压运行状态。

自耦变压器降压启动的启动性能好，但线路相对较复杂，设备体积大，目前是三相笼形异步电动机常用的一种降压启动方法。

三、绕线形异步电动机的启动

三相绕线形异步电动机转子中有三相绕组，可以通过滑环和电刷串接外加电阻。由转子串电阻的人为机械特性可知：适当增加转子串接电阻，可以减小启动电流并提高电动机的启动转矩，绕线形异步电动机正是利用了这一特性。

按照绕线形异步电动机启动过程中转子串接装置的不同，有串电阻启动和串频敏电阻器启动两种方法。

1. 转子串电阻启动

在这种启动方式中，由于电阻是常数，所以为了获取较平滑的启动过程，将启动电阻分为几级，在启动过程中逐级切除。图 1-3-13 是绕线形异步电动机转子串电阻启动的原理图，图 1-3-14 是机械特性曲线。

其工作情况为：合上刀开关 QS 后，交流接触器 KM1、KM2、KM3 的主触点全部断开，全部电阻均接入电路，对应工作的机械特性曲线为图 1-3-14 中曲

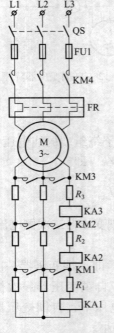

图 1-3-13 启动原理图

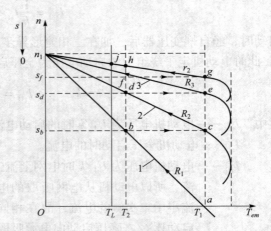

图 1-3-14 启动机械特性

线1,从 a 点开始启动,转速逐渐升高。当转速升高到 b 点时,令 KM1 闭合,R_1 被短接,R_2、R_3 仍串入电路,由于电阻减小而转速不能突变,特性曲线瞬间过渡到曲线2上的 c 点并沿曲线2继续加速。当加速到 d 点时,令 KM2 闭合,R_1、R_2 被短接,R_3 仍串入电路,由于电阻减小而转速不能突变,特性曲线瞬间过渡到曲线3上的 e 点并沿曲线3继续加速。当加速到 f 点时,令 KM3 闭合,R_1、R_2、R_3 被短接,由于电阻减小而转速不能突变,特性曲线瞬间过渡到固有机械特性曲线上的 g 点并沿固有机械特性曲线继续加速,直到稳定运行,启动过程结束。

2. 转子绕组串频敏变阻器启动

根据上述分析知:要想获得更加平稳的启动特性,必须增加启动级数,这就会使设备复杂化。为此采用了在转子上串频敏变阻器的启动方法。所谓频敏变阻器,是由厚钢板叠成铁芯并在铁芯柱上绕有线圈的电抗器,它是一个铁损耗很大的三相电抗器,如果忽略绕组的电阻和漏抗时,频敏变阻器启动原理如图1-3-15所示。合上开关 QS,KM1 闭合,电动机定子绕组接通电源电动机开始启动时,电动机转子转速很低,故转子频率较高,$f_2 \approx f_1$,频敏变阻器的铁损很大,R_m 和 X_m 均很大,且 $R_m > X_m$,因此限制了启动电流,增大了启动转矩。随着电动机转速的升高,转子电流频率下降,于是 R_m、X_m 随 n 减小,这就相当于启动过程中电阻的无级切除。当转速上升到接近于稳定值时,KM2 闭合将频敏电阻器短接,启动过程结束。

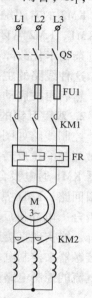

图1-3-15 串频敏电阻器启动

第三节 三相异步电动机的运行控制线路

一、正反转控制线路

许多生产机械需要正、反两个方向的运动,例如机床工作台的前进与后退,主轴的正转与反转,起重机吊钩的上升与下降等,都要求电动机可以正、反转。只需将接至交流电动机的三相电源进线中任意两相对调,即可实现反转。这可由两个接触器 KM1、KM2 控制。必须指出的是 KM1 和 KM2 的主触点决不允许同时接通,否则将造成电源短路的事故。因此,在正转接触器的线圈 KM1 通电时,不允许反转接触器的线圈 KM2 通电。同样在线圈 KM2 通电时,也不允许线圈 KM1 通电,这就是互锁保护。这一要求可由控制电路来保证。

1. 接触器互锁的正反转控制

控制线路如图1-3-16(a)所示,其工作原理是:合上电源开关 QS,按下正转启动按钮 SB2，接触器 KM1 线圈通电自锁，其辅助常闭触点断开起互锁作用，切断了接触器 KM2 的控制电路，KM1 主触点闭合，主电路按顺序相接通，电动机正转；此时若按下停止按钮 SB1，KM1 线圈断电，其常开触点断开，电动机停转。KM1 辅助常闭触点恢复闭合，为电动机反转做好准备；若再按下反转启动按钮 SB3，则 KM2 线圈通电自锁，主电路按逆相序接通，电动机反转。同理，KM2 的常闭触点切断了 KM1 的控制电路，使 KM1 线圈无法通电。这种接触器 KM1、KM2 常闭触点交叉连接的电路，能保证即使某一接触器发生触点熔焊或有杂物卡住故障，也不会发生短路事故。

这种线路的主要缺点是操作不方便，为了实现其正反转，必须先按下停止按钮，然后再按启动按钮才行，即工作方式为"正转—停止—反转"。

2. 双重互锁的正反转控制

控制线路如图 1-3-16（b）所示，是既有接触器的电气互锁，又有按钮的机械互锁的正反转控制线路。其工作原理是：合上电源开关 QS，按下 SB2，接触器 KM1 通电吸合，电动机正转；此时若按下 SB3，则其常闭触点先断开 KM1 线圈回路，KM1 常闭触点恢复闭合，接着 SB3 常开触点后闭合，接触器 KM2 通电吸合，电动机反转。由于双联按钮在结构上保证常闭触点先断开，常开触点后闭合，能实现直接正反转的要求。该线路中又有可靠的电气互锁，故应用较广。利用接触器来控制电动机与用开关直接控制相比，其优点是：减轻了劳动强度，操纵小电流的控制电路就可以控制大电流的主电路；能实现远距离控制与自动控制。

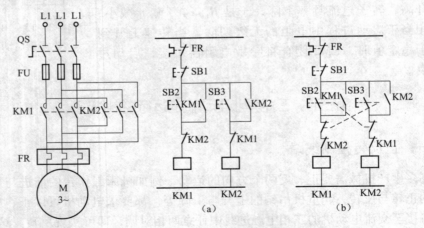

图 1-3-16　正反转控制线路
(a) 接触器互锁；(b) 双重互锁

二、正反转自动循环线路

在生产过程中，常需要控制生产机械运动部件的行程。例如龙门刨床的工作台、组合机床的滑台,需要在一定的行程范围内自动地往复循环。反映运动部件运动位置的控制,称为行程控制。实现行程控制所使用的主要电器是限位开关。

图1-3-17为利用限位开关实现的电动机正反转自动循环控制线路,机床工作台的往返循环由电动机驱动,当运动到达一定的行程位置时,利用挡铁压限位开关来实现电动机正、反转。图中SQ1与SQ2分别为工作台右行与左行限位开关,SB2与SB3分别为电动机正转与反转启动按钮。

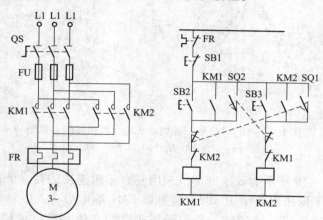

图1-3-17 自动往复循环控制线路

按正转启动按钮SB2,接触器KM1通电吸合并自锁,电动机正转使工作台右移。当运动到右端时,挡铁压下右行限位开关SQ1,其常闭触点使KM1断电释放,同时其常开触点使KM2通电吸合并自锁,电动机反转使工作台左移。当运动到挡铁压下左行限位开关SQ2时,使KM2断电释放,KM1又通电吸合,电动机又正转使工作台右移,这样一直循环下去。SB1为自动循环停止按钮。

从以上分析来看,工作台每经过一个往复循环,电动机要进行两次转向改变,因而电动机的轴将受到很大的冲击力,容易扭坏。此外,当循环周期很短时,电动机频繁地换向和启动,会因过热而损坏。

因此,上述线路只适用于循环周期长且电动机的轴有足够强度的传动系统中。

三、双速电动机控制线路

采用双速电动机能简化齿轮传动的变速箱,在车床、磨床、镗床等机床中应用很多。双速电动机是通过改变定子绕组接线的方法,以获得两个同步转速。

如图1-3-18所示为4/2极双速电动机定子绕组接线示意图,图1-3-18(a)将定子绕组的U1、V1、W1接电源,而U2、V2、W2接线端悬空,则三相定子绕组接成三角形,每相绕组中的两个线圈串联,电流参考方向如图中箭头方向所示，磁场具有 4 个极（即两对极），电动机为低速。若将接线端 U1、V1、W1 连在一起，而 U2、V2、W2 接电源，则三相定子绕组变为双星形，每相绕组中的两个线圈并联，电流参考方向如图 1-3-18（b）中箭头所示，磁场变为两个极（即一对极），电动机为高速。

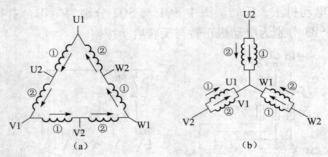

图 1-3-18　4/2 极双速电动机定子绕组接线示意图
（a）三角形联结；（b）双星形联结

如图 1-3-19 所示为双速电动机采用复合按钮连锁的高、低速直接转换的控制线路，按下低速启动按钮 SB2，接触器 KM1 通电吸合，电动机定子绕组接成三角形，电动机以低速运转。若按下高速启动按钮 SB3，则 KM1 断电释放，并接通 KM2 和 KM3，电动机定子绕组联结成双星形，电动机以高速运转。

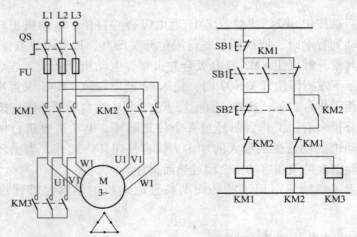

图 1-3-19　双速电动机的控制线路

第四节　三相异步电动机的制动控制线路

三相异步电动机从切断电源到完全停止旋转，由于惯性的关系，总要经过一段时间，这往往不能适应某些生产机械工艺的要求，如卷扬机、机床设备等，无论是从提高生产效率,还是从安全及工艺要求等方面考虑,都要求能对电动机进行制动控制,即能迅速使电动机停机、定位。三相异步电动机的制动方法一般有两大类:机械制动和电气制动。机械制动是用机械装置来强迫电动机迅速停车,如电磁抱闸、电磁离合器等;电气制动实质上在电动机接到停车命令时,同时产生一个与原来旋转方向相反的制动转矩,迫使电动机转速迅速下降。电气制动控制线路包括反接制动控制线路、能耗制动控制线路和机械制动控制线路。

一、反接制动控制线路

当电动机转速接近零时应迅速切断三相电源,否则电动机将反向启动。为此采用速度继电器来检测电动机的转速变化,并将速度继电器调整在 $n > 130$ r/min 时触点动作,而当 $n < 100$ r/min 时,触点复原。反接制动是利用改变电动机电源的相序,使定子绕组产生相反方向的旋转磁场,因而产生制动转矩的一种制动方法。反接制动的特点之一是制动迅速,效果好,但冲击效应较大,通常仅适用于 10 kW 以下的小容量电动机。为了减小冲击电流,通常要求在电动机主电路中串联一定的电阻以限制反接制动电流,这个电阻称为反接制动电阻。反接制动电阻的接线方法有对称和不对称两种接法,采用对称电阻接法可以在限制制动转矩的同时,也限制了制动电流,而采用不对称制动电阻的接法,只是限制了制动转矩,未加制动电阻的那一相,仍具有较大的电流。反接制动的另一要求是在电动机转速接近于零时,及时切断反相序电源,以防止反向再启动。

图 1-3-20 是一种电动机单向反接制动控制线路。启动时,按下启动按钮 SB2,接触器 KM1 通电并自锁,电动机 M 通电旋转;在电动机正常运转时,速度继电器 KS 的常开触点闭合,为反接制动做好了准备。停车时,按下停止按钮 SB1,常闭触点断开,接触器 KM1 线圈断电,电动机 M 脱离电源,由于此时电动机的惯性很大,KS 的常开触点依然处于闭合状态,所以 SB1 常开触点闭合时,反接制动接触器 KM2 线圈通电并自锁,其主触点闭合,使电动机定子绕组得到与正常运转相序相反的三相交流电源,电动机进入反接制动状态,使电动

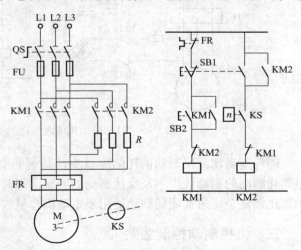

图 1-3-20 电动机单向反接制动控制线路

机转速迅速下降,当电动机转速接近于零时,速度继电器常开触点复位,接触器

KM2 线圈电路被切断，反接制动结束。

二、能耗制动控制线路

所谓能耗制动，就是在电动机脱离三相交流电源之后，在电动机定子绕组上立即加一个直流电压，利用转子感应电流与静止磁场的作用产生制动转矩以达到制动的目的。能耗制动可用时间继电器进行控制，也可用速度继电器进行控制。

图 1-3-21 是用时间继电器控制的单向能耗制动控制线路。在电动机正常运行的时候，若按下停止按钮 SB1，接触器 KM1 断电释放，电动机脱离三相交流电源，同时接触器 KM2 线圈通电，直流电源经接触器 KM2 的主触点而加入定子绕组。时间继电器 KT 线圈与接触器 KM2 线圈同时通电并自锁，于是电动机进入能耗制动状态。当其转子的惯性速度接近于零时，时间继电器延时打开的常闭触点断开接触器 KM2 线圈电路。由于 KM2 常开辅助触点复位，时间继电器 KT 线圈的电源也被断开，电动机能耗制动结束。图中 KT 的瞬时常开触点的作用是考虑 KT 线圈断线或机械卡住故障时，在按下按钮 SB1 后电动机能迅速制动，两相的定子绕组不致长期接入能耗制动的直流电流。

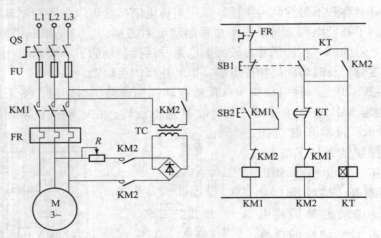

图 1-3-21 电动机单向能耗制动控制线路

能耗制动比反接制动消耗的能量少，其制动电流也比反接制动电流小得多，但能耗制动的制动效果不及反接制动的明显，同时需要一个直流电源，控制线路相对比较复杂，通常能耗制动适用于电动机容量较大和启动、制动频繁的场合。

三、机械制动控制线路

机械制动是利用机械装置使电动机迅速停转，常用的机械制动装置有电磁抱闸和电磁离合器。下面仅介绍电磁抱闸制动的控制。

任务三　机床控制线路的基本环节

电磁抱闸由电磁铁和闸瓦制动器两部分组成，在电动机启动旋转时，电磁铁线圈同时通电，在电磁吸力作用下，克服弹簧力将制动轮上的制动闸瓦张开，脱离与电动机同轴的制动轮，实现电动机的自由旋转。当电动机要停转时，在断开电动机三相交流电源的同时也断开电磁铁线圈电源，电磁吸力消失，在弹簧力作用下将制动闸瓦紧紧压在制动轮上，使电动机迅速停转。

电磁抱闸制动比较安全可靠，能实现准确停车，被广泛应用于起重设备上。

第五节　电动机的保护环节

电气控制系统除了满足生产机械的加工工艺要求外，还要长期、正常、无故障地运行，这就需要各种保护措施。保护环节是所有生产机械电气控制系统不可缺少的组成部分，可靠的保护装置可以防止对电动机、电网、电气控制设备以及人身安全的损害。因此，在电气控制系统中必须设置完善的保护环节。

电气控制系统中常用的保护环节有过载保护、短路保护、零电压与欠电压保护以及弱磁保护等。

一、短路保护

当电动机绕组的绝缘、导线的绝缘损坏时，或电气线路发生故障时，例如正转接触器的主触点未断开而反转接触器的主触点闭合都会产生短路现象。此时，电路中会产生很大的短路电流，它将导致产生过大的热量，使电动机、电器和导线的绝缘损坏。因此，必须在发生短路现象时立即将电源切断。常用的短路保护元件是熔断器和断路器。

1. 熔断器保护

熔断器的熔体串联在被保护的电路中，当电路发生短路或严重过载时，它自行熔断，从而切断电路，达到保护的目的。

2. 断路器保护

断路器兼有短路、过载和欠电压保护等功能，这种开关能在线路发生上述故障时快速地自动切断电源。它是低压配电重要保护元件之一，常作低压配电盘的总电源开关及电动机、变压器的合闸开关。

通常熔断器比较适用于对动作准确度和自动化程度要求不高的系统中，如小容量的笼型异步电动机、普通交流电源等。对于熔断器，在发生短路时，很可能一相熔断器熔断，造成缺相运行。但对于断路器，只要发生短路就会自动跳闸，将三相电源同时切断，故可减少电动机断相运行的隐患。断路器结构复杂，广泛用于要求较高的场合。

二、过载保护

电动机长期超载运行时，绕组的温升会超过其允许值，电动机的绝缘材料就要变脆，寿命降低，严重时会使电动机损坏。过载电流越大，达到允许温升的时间就越短。常用的过载保护元件是热继电器（或断路器），当电动机为额定电流时，电动机为额定温升，热继电器不动作，在过载电流较小时，热继电器要经过较长的时间才动作；过载电流较大时，热继电器则经过较短的时间就会动作。

由于热惯性的原因，热继电器不会受电动机短时过载冲击电流或短路电流的影响而瞬时动作，所以在使用热继电器作过载保护的同时，还必须设有短路保护。选作短路保护的熔断器熔体的额定电流不应超过 4 倍热继电器驱动元件的额定电流。当电动机的工作环境温度和热继电器工作环境温度不同时，保护的可靠性就受到影响。现有一种用热敏电阻作为测量元件的热继电器，它可以将热敏元件嵌在电动机绕组中，可更准确地测量电动机绕组的温升。

三、过电流保护

由于不正确的启动和过大的负载转矩以及频繁的反接制动，都会引起过电流。为了限制电动机的启动或制动电流过大，常常在直流电动机的电枢回路中或交流绕线转子电动机的转子回路中串入附加的电阻。若在启动或制动时，此附加电阻已被短接，就会造成很大的启动或制动电流。另外，电动机的负载剧烈增加，也要引起电动机过大的电流，过电流的危害与短路电流的危害一样，只是程度上的不同，过电流保护常用断路器或电磁式过电流继电器。

过电流往往是由于不正确的使用和过大的负载转矩引起的，一般比短路电流要小。在电动机运行中产生过电流要比发生短路的可能性更大，尤其是在频繁正反转启动制动的重复短时工作制的电动机中更是如此。直流电动机和绕线转子异步电动机电路中过电流继电器也起着短路保护的作用，一般过电流的动作值为启动电流的 1.2 倍左右。

四、欠电压与失电压保护

一般采用电压继电器来进行欠电压与失电压保护。

当电动机正在运行时，如果电源电压因某种原因消失，那么在电源电压恢复时，电动机就将自行启动，这就可能造成生产设备的损坏，甚至造成人身事故。对电网来说，许多电动机同时自行启动会引起太大的过电流及电压降。防止电压恢复时电动机自行启动的保护叫失电压保护。

在电动机运转时，电源电压过分地降低会引起电动机转速下降甚至停转。同时，在负载转矩一定时，电流就会增加。此外由于电压的降低将会引起一些电器的释放，造成控制电路不正常工作，可能产生事故。因此需要在电压下降到最小允许电压值时将电动机电源切除，这就叫欠电压保护。

欠压和失压保护是通过接触器 KM 的自锁触点来实现的。在电动机正常运行中，由于某种原因使电网电压消失或降低，当电压低于接触器线圈的释放电压时，接触器释放，自锁触点断开，同时主触点断开，切断电动机电源，电动机停转。如果电源电压恢复正常，由于自锁解除，电动机不会自行启动，避免了意外事故的发生。只有操作人员再次按下 SB2 后，电动机才能启动。控制线路具备了欠压和失压的保护能力以后，可以防止电压严重下降时电动机在重负载情况下的低压运行；可以避免电动机同时启动而造成电压的严重下降；并且防止电源电压恢复时，电动机突然启动运转，造成设备和人身事故。

五、弱磁保护

直流电动机磁通的过度减少会引起电动机的超速，因此需要保护，弱磁保护采用的元件为电磁式电流继电器。对并励和复励直流电动机来说，弱磁保护继电器的吸合电流一般整定在 0.8 倍的额定励磁电流。这里已考虑了电网电压可能发生的压降和继电器动作的不准确度。至于释放电流对于调速的并励电动机来说应该整定在 0.8 倍的最小励磁电流。

除上述主要保护外，控制系统中还有其他各种保护，如行程保护、油压保护和油温保护等，通常是在控制电路中串联一个受这些参量控制的常开触点或常闭触点来实现对控制电路的电源控制。前面所介绍的互锁控制，在某种意义上也是一种保护作用。

思考与练习

1. 常用的电气控制系统有哪几种？
2. 电气控制电路的基本控制规律主要有哪些？
3. 电动机点动控制与连续运转控制的关键控制环节是什么？其主电路又有何区别？
4. 实现电动机正反转互锁控制的方法有哪两种？它们有何不同？
5. 试述"自锁"、"互锁"的含义，并举例说明各自的作用。
6. 电动机常用的保护环节有哪些？通常它们各由哪些电器来实现其保护？
7. 短路保护、过电流保护及热继电器保护有何区别？各自常用的保护元件是什么？
8. 何为电动机的欠电压与失电压保护？接触器和按钮控制电路是如何实现欠电压与失电压保护的？
9. 电磁继电器与接触器的区别主要是什么？
10. 为什么热继电器不能作短路保护而只能作长期过载保护？熔断器则相反，为什么？
11. 练习连接具有自锁的单向旋转控制线路，如图 1-3-22 所示，线路的动作原理如下：

项目一 交流电动机及其控制

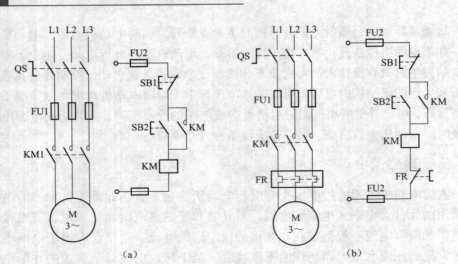

图 1-3-22 电机单向旋转控制电路
（a）直接启动控制电路；（b）带热保护的启动电路

合上电源开关QS，

启动：按SB2 → KM线圈得电 → KM动合辅助触头闭合自锁，
→ KM主触头闭合 → 电动机M启动运转。

松开启动按钮SB2，由于接在按钮SB2两端的KM动合辅助触头闭合自锁，控制回路仍保持接通，电动机M继续运转。

停止：按SB1 → KM线圈断电释放 → KM动合辅助触头断开 → 自锁解锁，
→ KM主触头断开 → 电动机M停止运转。

12. 练习连接具有过载保护的单向旋转控制线路。电动机在运转过程中，如果长期负载过大，或频繁操作等都会引起电动机绕组过热，影响电动机的使用寿命，甚至会烧坏电动机。因此，对电动机要采用过载保护，一般采用热继电器作为过载保护元件，其原理如图 1-3-23 所示。

线路动作原理如下：

电动机在运行过程中，由于过载或其他原因，使负载电流超过额定值时，经过一定时间，串接在主回路中的热继电器的双金属片因受热弯曲，使串接在控制回路中的动断触头断开，切断控制回路，接触器KM的线圈断电，主触头断开，电动机

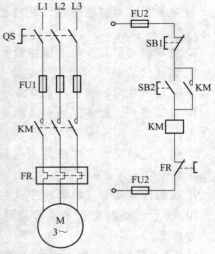

图 1-3-23 具有过载保护的
电机单向旋转控制线路

M停转,达到过载保护的目的。

操作内容及要求:

(1)在电动机控制线路安装模拟板上安装具有自锁的单向旋转控制线路、具有过载保护的单向旋转控制线路。接线时注意接线方法,各接点要牢固、接触良好,同时,要注意文明操作,保护好各电器。

(2)安装完一个电路,经检查无误后,接上电动机进行通电试运转。观察电器及电动机的动作、运转情况。

13. 连接正反转控制线路,如图1-3-24所示。

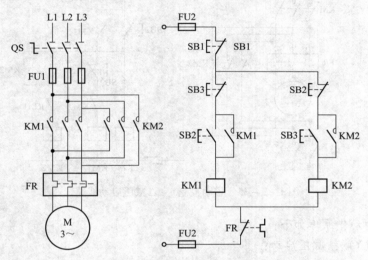

图1-3-24 按钮连锁的正反转控制线路

线路的动作原理如下:

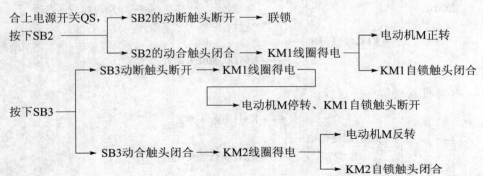

这种线路的优点是操作方便,缺点是易产生短路故障,单用按钮连锁的线路不太安全可靠。

14. 电动机Y-△减压启动控制方法只适用于正常工作时定子绕组为三角形

（△）联结的电动机。这种方法既简单又经济，使用较为普遍，但其启动转矩只有全压启动时的1/3，因此，只适用于空载或轻载启动。

（1）手动控制Y-△减压启动其线路如图1-3-25所示。

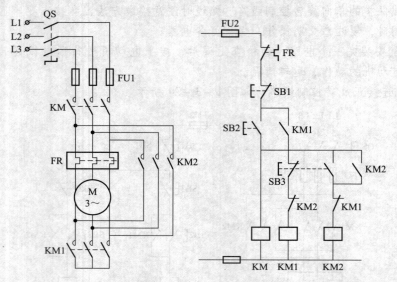

图1-3-25 手动控制Y-△减压启动线路

线路的动作原理如下：

电动机Y联结减压启动：

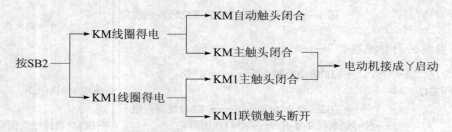

电动机△联结全压运行：

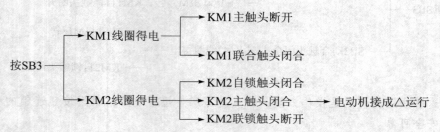

(2) 自动控制 Y-△ 减压启动

利用时间继电器可以实现 Y-△ 减压启动的自动控制，典型线路如图 1-3-26 所示。

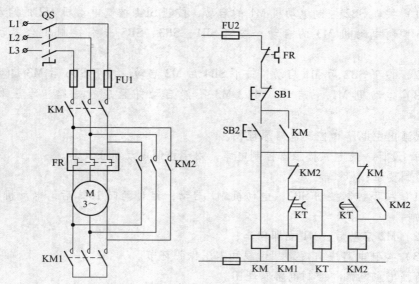

图 1-3-26 Y-△ 减压启动的自动控制

实训操作内容及要求

（1）在电动机控制线路接线练习板上安装手动控制 Y-△ 减压启动线路和自动控制 Y-△ 减压启动线路中的任意一个。安装时注意文明安全操作，接点要牢靠，接触要良好。

（2）检查无误后，接入三相异步电动机，通电试操作。接入电动机前，要用万用表区分好电动机的三个定子绕组，同时要认真观察电动机及电器的运转及动作情况。

15. 试设计一台电动机的控制线路，要求能正反转并实现能耗制动。

16. 试设计一条自动运输线，有两台电动机：M1 拖动运转机，M2 拖动卸料机。要求：

（1）M1 先启动后，才允许 M2 启动；

（2）M2 先停止，经一段时间后 M2 才自动停止，且 M2 可以单独停；

（3）两台电动机均有短路、过载保护。

17. 有两台电动机 M1、M2，要求：

（1）按下控制按钮 SB1 电动机正转，过 10 s 后电动机自动停止，再过 10 s 电动机自动反转；

（2）M1、M2 能同时或分别停止。控制电路应有短路、过载和零压保护环节。试画出其电气电路图。

18. 设计一继电-接触器控制电路，完成三台电动机的控制。

控制要求：

（1）按钮 SB2 控制电动机 M1 的启动，按钮 SB4 控制电动机 M2 的启动，按钮 SB6 控制电动机 M3 的启动，按钮 SB1、SB3、SB5 分别控制 3 台电动机的停止；

（2）按下 SB2 后 M1 启动，按下 SB4 后 M2 启动，按下 SB6 后 M3 启动；

（3）电动机 M1 不启动，M2、M3 不能启动并且应有短路、零压和过载保护。

试画出主电路和控制电路原理图。

19. 设计一继电-接触器控制电路，用于控制电动机正反转。

控制要求：

（1）按下控制按钮 SB2，电动机 M1 启动；经过延时 10 s 后，电动机 M2 自动启动；

（2）M2 启动后，M1 立即停车；

（3）控制电路应有短路、过载和零压保护环节。

请画出主电路和控制电路原理图。

项目二 直流电机及控制

直流电机是通以直流电流的旋转电机,是将电能和机械能相互转换的设备。与交流电机相比优点是调速性能好,启动转矩大,过载能力强,在启动和调速要求较高的场合应用广泛;不足之处是直流电机结构复杂,成本高,运行维护困难。

本项目分两个任务,任务一主要介绍了直流电机是如何工作的以及直流电机的机械特性,为使用直流电机奠定了必要知识;任务二讨论了他励直流电动机的启动、反向和制动及调速控制等电气控制电路。

能力目标:
直流电动机工作特性
直流电动机的启动、制动方法
直流电动机的调速方法
电动机的启动、制动控制电路

任务一 直流电机

● 任务描述

直流电机是通以直流电流的旋转电机,是电能和机械能相互转换的设备。将机械能转换为电能的是直流发电机,将电能转换为机械能是直流电动机。

直流电动机具有良好的调速特性和宽广的调速范围,在调速性能和指标要求较高的场合,直流电机得到了广泛的应用。

直流电机是如何工作的和直流电机的机械特性是使用直流电机的必要知识;掌握直流电机的调速方法是关键技能点。

● 方法与步骤

要了解和掌握直流电机的工作过程,首先要了解直流发电原理,在此基础上掌握直流电动机工作过程。然后再进一步掌握直流电动机的工作特性以及调速方法。

● 相关知识与技能

第一节 直流电动机的基本原理与结构

直流电机是依据导体切割磁力线产生感应电动势和载流导体在磁场中受到电磁力的作用这两条基本原理制造的。因此，从结构上看，任何电机都包括磁路和电路两部分；从原理上讲，任何电机都体现了电和磁的相互作用。

一、直流电机的工作原理

1. 直流发电机的工作原理

两极直流发电机原理如图2-1-1所示。

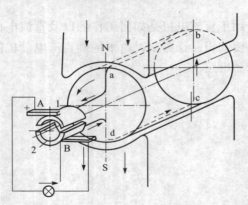

图2-1-1 直流发电机工作原理

图中N、S是一对在空间固定不动的磁极，磁极可以由永久磁铁制成，但通常是在磁极铁芯上绕有励磁绕组，在励磁绕组中通入直流电流，即可产生N、S极。在N、S磁极之间装有由铁磁性物质构成的圆柱体，在圆柱体外表的槽中嵌入了线圈abcd，整个圆柱体可在磁极内部旋转，整个旋转部分称为转子或电枢。电枢线圈abcd的两端分别与固定在轴上相互绝缘的两个半圆铜环相连接，这两个半圆铜环称为换向片，即构成了简单的换向器。换向器通过静止不动的电刷A和B，将电枢线圈与外电路相接通。

电枢由原动机拖动，以恒定转速按逆时针方向旋转，当线圈有效边ab和cd切割磁力线时，便在其中产生感应电动势，其方向用右手定则确定。如图2-1-1所示瞬间，导体ab中的电动势则由b指向a。从整个线圈来看，电动势的方向为d指向a，故外电路的电流自换向片1流至电刷A，经过负载，流至电刷B和换向片2，进入线圈。此时，电流流出处的电刷A为正电位，用"+"表示；而电流流入线圈处的电刷B则为负电位，用"-"表示。电刷A为正极，电刷B为负极。

电枢旋转180°后，导体ab和cd以及换向片1和2的位置同时互换，电刷A通过换向片2与导体cd相连接，此时由于导体cd取代了原来ab所在的位置，即转到 N 极下，改变原来电流方向，即由 c 指向 d，所以电刷 A 的极性仍然为正；同时电刷 B 通过换向片 1 与导体 ab 相连接，而导体 ab 此时以转到 S 极下，也改变了原来电流方向，由 a 指向 b，因此，电刷 B 的极性仍然为负。通过换向器和电刷的作用，及时地改变线圈与外电路的连接，使线圈产生的交变电动势变为电刷两端方向恒定的电动势，保持外电路的电流按一定方向流动。

由电磁感性定律（$e = Blv$），线圈感应电动势 e 的波形与气隙磁感应强度 B 的波形相同，即线圈感应电动势 e 随时间变化的规律与气隙磁感应强度按梯形波形分布，如图 2-1-2 所示。

因此，通过电刷和换向器的作用，在电刷两端所得到的电动势方向是不变的但大小却在零与最大值之间脉动，如图 2-1-3 所示。

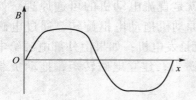

图 2-1-2　直流发电机气隙磁感应强度 B 分布波形

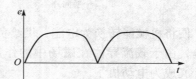

图 2-1-3　直流发电机电枢两端电动势波形

由于线圈只有一匝，此时的电动势很小，如果在直流发电机电枢上均匀分布很多线圈，此时换向片的数目也相应增多，每个线圈两端总的电动势脉动将显著减小，如图 2-1-4 所示。

同时其电动势值也大为增加。由于直流发电机中线圈、换向片数目很多，因此，电刷两端的电动势可以认为是恒定的直流电动势。

2. 直流电动机的工作原理

如图 2-1-5 所示为直流电动机工作原理图，其基本结构与发电机完全相同，只是将直流电源接至电刷两端。当电刷 B 接至负极，电

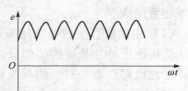

图 2-1-4　多线圈和多换向片时电刷两端的电动势波形

流将从电源正极流出，经过电刷 A、换向片 1、线圈 abcd 到换向片 2 和电刷 B，最后回到负极。根据电磁力定律，载流导体在磁场中受到电磁力的作用，其方向由左手定则确定。图 2-1-5 中 ab 导体所受电磁力方向向左，而导体 cd 所受电磁力的方向向右，这样就产生了一个转矩。在转矩的作用下，电枢便按逆时针方向旋转起来。当电枢从如图 2-1-5 所示的位置转过 90°时，线圈磁感应强度为零，因而使电枢旋转的转矩消失，但由于机械惯性，电枢仍能转过一个角度，使电刷 A、B 分别与换向片 2、1 接触，于是线圈中又有电流流过。此时电流从正极流出，经过电刷 A、换向片 2、线圈到换向片 1 和电刷 B，最后回到电源负极，

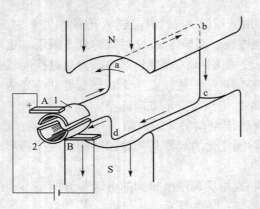

图 2-1-5 直流电动机工作原理图
1、2—换向片

此时导体 ab 中的电流改变了方向，同时导体 ab 已由 N 极下转到 S 极下，其所受电磁力方向向右。同时，处于 N 极下的导体 cd 所受的电磁力方向向右。因此，在转矩的作用下，电枢继续沿着逆时针方向旋转，这样电枢便一直旋转下去，这就是直流电动机的基本原理。

由此可知：直流电机既可作发电机运行，也可作电动机运行，这就是直流电动机的可逆原理。如果原动机拖动电枢旋转，通过电磁感应，便将机械能转换为电能，供给负载，这就是发电机；如果由外部电源给电机供电，由于载流导体在磁场中的作用产生电磁力，建立电磁转矩，拖动负载转动，又成为电动机了。

二、直流电机的基本结构

直流电机的结构示意图如图 2-1-6 所示。它由定子和转子两个基本部分组成。其中图 2-1-6（a）为结构图；图 2-1-6（b）为轴向截面图。

1. 定子

定子为直流电机的静止部分，其主要由主磁极、换向磁极、机座、端盖与电刷等装置组成。

（1）主磁极。主磁极由磁极铁芯和励磁绕组组成，磁极铁芯由 1～1.5 mm 厚的低碳钢板冲片叠压铆接而成。当在励磁线圈中通入直流电流后，便产生主磁场。主磁极可以有一对、两对或更多对，它用螺栓固定在机座上。

（2）换向磁极。换向磁极也是由铁芯和换向磁极绕组组成的，位于两主磁极之间，是比较小的磁极。其作用是产生附加磁场，以改善电机的换向条件，减小电刷与换向片之间的火花。换向磁极绕组总是与电枢绕组串联，其匝数少，导线粗。换向磁极铁芯通常都用厚钢板叠至而成，在小功率的直流电机中也有不装换向磁极的。

（3）机座。机座由铸钢或厚钢板组成，用来安装主磁极和换向磁极等部件和保护电机，它既是电机的固定部分，又是电机磁路的一部分。

（4）端盖与电刷。在机座的两边各有一个端盖，端盖的中心处装有轴承端盖上还固定有电刷架，利用弹簧把电刷压在转子的换向器上。

2. 转子

直流电机的转子又称为电枢，其主要由电枢铁芯、电枢绕组、换向器、转轴

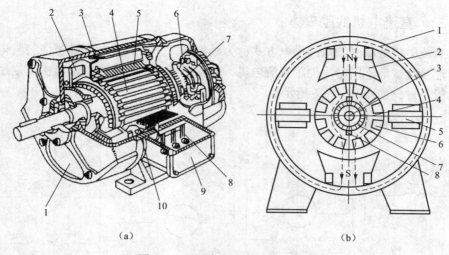

图 2-1-6 直流电机结构示意图
（a）结构图；（b）轴向截面图
（a）1—端盖；2—风扇；3—机座；4—电枢；5—主磁极；6—刷架；7—换向器；
8—接线板；9—出线盒；10—换向器；
（b）1—机座；2—主磁极；3—转轴；4—电枢铁芯；5—换向磁极；
6—电枢绕组；7—换向器；8—电刷

和风扇等组成。

（1）电枢铁芯。电枢铁芯通常用 0.5mm 厚，表面涂有绝缘的硅钢片叠压而成，其表面均匀开槽，用来嵌放电枢绕组。电枢铁芯也是直流电机磁路的一部分。

（2）电枢绕组。电枢绕组由许多相同的线圈组成，按一定规律嵌放在电枢铁芯的槽内并与换向器连接，其作用是产生感应电动势和电磁转矩。

（3）换向器。换向器又称整流子，是直流电动机的特有装置。它由许多楔形铜片组成，片间用云母或者其他垫片绝缘。外表呈圆柱体，装在转轴上。每一换向铜片按一定定律与电枢绕组的线圈连接。在换向器的表面压着电刷，使旋转的电枢绕组与静止的外电路相通，其作用是将直流电动机输入的直流转换成电枢绕组内的交变电流，进而产生恒定方向的电磁转矩，或是将直流发电机电枢绕组中的交变电动势转换成输出的直流电压。

3. 气隙

气隙是电机磁路的重要部分。转子要旋转，定子与转子之间必须要有气隙，称为工作气隙。气隙路径虽短，但由于气隙磁阻远大于一些磁阻（一般小型电动机气隙为 0.5~5mm，大型电机为 5~10mm），对电机性能有很大影响。

三、直流电机的励磁方式

直流电机的励磁绕组的供电方式称为励磁方式。按直流电机励磁绕组与电枢绕组连接方式的不同分为他励直流电机、并励直流电机、串励直流电机与复励直流电机 4 种，如图 2-1-7 所示。

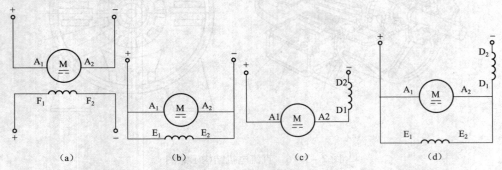

图 2-1-7　直流电机的励磁方式
(a) 他励直流电机；(b) 并励直流电机；(c) 串励直流电机；(d) 复励直流电机

其中图 2-1-7 (a) 为他励直流电机，励磁绕组与电枢绕组分别用两个独立的直流电源供电；图 2-1-7 (b) 为并励直流电机，励磁绕组与电枢绕组并联；由同一直流电源供电；图 2-1-7 (c) 为串励直流电机，励磁绕组与电枢绕组串联；图 2-1-7 (d) 为复励直流电机，既有并励绕组，又有串励绕组。直流电机的并励绕组一般较小，导线较细，匝数较多；串励绕组的电流较大，导线较粗，匝数较少，因而不难辨别。

四、直流电机的铭牌数据和主要系列

1. 直流电机的铭牌数据

每台直流电机的机座上都有一个铭牌，其上标有电机型号和各项额定值，用以表示电机的主要性能和使用条件，图 2-1-8 为某台直流电动机的铭牌。

直流电动机

型号	Z4-112/2-1	励磁方式	并励
功率/kW	5.5	励磁电压/V	180
电压/V	440	效率/%	81.190
电流/A	15	定额	连续
转速/(r·min^{-1})	3 000	温升/℃	80
出品号数	××××	出厂日期	2001 年 10 月
××××电机厂			

图 2-1-8　某台直流电动机铭牌

（1）电机型号：型号表明电机的系列及主要特点。知道了电机的型号，便可从相关手册及资料中查出该电机的有关技术数据。

（2）额定功率 P_N：指电机在额定运行时的输出功率，对发电机是指明输出电功率 $P_N = U_N I_N$；对电动机是指明输出的机械功率 $P_N = U_N I_N \eta_N$。

（3）额定电压 U_N：指额定运行状况下，直流发电机的输出电压或直流电动机的输入电压。额定电流 I_N：指额定电压和额定负载时允许电机长期输入（电动机）或输出（发电机）的电流。

（4）额定电流 I_N：指额定电压和额定负载时允许电机长期输入的电流。

（5）额定转速 n_N：指电动机在额定电压和额定负载时的旋转速度。

（6）电动机额定效率 η_N：指直流电动机额定输出功率 P_N 与电动机输入功率 $P_1 = U_N I_N$ 比值的百分数。

此外，铭牌上还标有励磁方式、额定励磁电压、额定励磁电流和绝缘等级等参数。

2. 直流电机主要系列

由于直流电机应用广泛，型号很多。直流电动机主要系列有：

Z4 系列：一般用途的小型直流电动机；

ZT 系列：广调速直流电动机；

ZJ 系列：精密机床用直流电动机；

ZTD 系列：电梯用直流电动机；

ZZJ 系列：起重冶金用直流电动机；

ZD2ZF2 系列：中型直流电动机；

ZQ 系列：直流牵引电动机；

Z–H 系列：船用直流电动机；

ZA 系列：防爆安全用直流电动机；

ZLJ 系列：力矩直流电动机。

第二节　直流电动机的电磁转矩和电枢电动势

直流电动机是一种在电枢绕组中通入直流电流后，与电动机磁场相互作用产生电磁力形成电磁转矩使其转子旋转的电动机。而电枢转动时，电枢绕组导体不断切割磁力线，在电枢绕组中产生感应电动势。

一、电磁转矩

由电磁力公式可知，每根载流导体在电磁场中所受电磁力平均值 $F = BLI$。对于给定的电动机，磁感应强度 B 与每个磁极的磁通成正比，导体电流与电枢电流 I 成正比，而导线在磁极磁场中的有效长度 L 及转子半径等都是固定的，仅取决于电动机的结构，因此直流电动机的电磁转矩 T 的大小可表示为

$$T = C_T \Phi I_a \tag{2-1-1}$$

式中 C_T——与电动机结构有关的常数;
Φ——每极磁通(Wb);
I_a——电枢电流(A);
T——电磁转矩(N·m)。

由式(2-1-1)可知,直流电动机的电磁转矩 T 与每极磁通 Φ 和电枢电流 I_a 的乘积成正比。电磁转矩的方向由左手定则决定。

直流电动机的转矩 T 与转速 n 及轴上输出功率 P 的关系式为

$$T = 9\,550 \frac{P}{n} \tag{2-1-2}$$

式中 P——电动机轴上输出功率(kW);
n——电动机转速(r/min);
T——电动机电磁转矩(N·m)。

二、电枢电动势

当电枢转动时,电枢绕组中的导体在不断切割磁力线,因此每根载流导体中将产生感应电动势,其大小平均值为 $E = Blv$,其方向由右手定则确定,如图 2-1-9 所示。

将此图与图 2-1-5 对照可以看出该电动势的方向与电枢电流的方向相反,因而称为反电动势,对于给定的电流电动机,磁感应强度 B 与每极磁通成 Φ 正比,导体的运动速度 v 与电枢的转速 n 成正比,而导体的有效长度和绕组匝数都是常数,因此直流电动机两电刷间总的电枢电动势的大小为

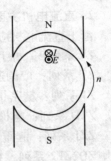

图 2-1-9 电枢电动势和电流

$$E_a = C_e \Phi n \tag{2-1-3}$$

式中 C_e——与电动机结构有关的另一常数;
Φ——每极磁通(Wb);
n——电动机转速(r/min);
E_a——电枢电动势(V)。

由此可知,直流电动机在旋转时,电枢电动势 E_a 的大小与每极磁通 Φ 和电动机转速 n 的乘积成正比,它的方向与电枢电流方向相反,在电路中起着限制电流的作用。

第三节 他励直流电动机的运行原理与机械特性

图 2-1-10 为一台他励直流电动机结构示意图和电路图,电枢电动势 E_a 为反电势,与电枢电流 I_a 方向相反;电磁转矩 T 为拖动转矩,方向与电动机转速 n

的方向一致；T_L 为负载转矩；T_0 为空载转矩，方向与 n 方向相反。

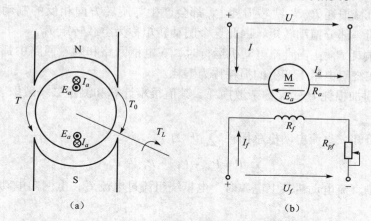

图 2-1-10　他励直流电动机结构示意图和电路图
(a) 结构示意图；(b) 电路图

一、直流电动机的基本方程式

直流电动机的基本方程式是指直流电动机稳定运行时电路系统的电动势平衡方程式，机械系统的转矩平衡方程式和能量转换过程中的功率平衡方程式。这些方程式反映了直流电动机内部的电磁过程，也表达了电动机内外的机电能量转换，说明了直流电动机的运行原理。

1. 电动势平衡方程式

由基尔霍夫定律可知，在电动机电枢电路中存在如下的回路电压方程式：

$$U = E_a + I_a R_a \tag{2-1-4}$$

式中　U——电枢电压（V）；

I_a——电枢电流（A）；

R_a——电枢回路中总电阻（Ω）。

2. 功率平衡方程式

直流电动机输入的电功率是不可能全部转换成机械功率的，因为在转换的过程中存在着各种损耗。按其性质可分为机械损耗 P_m、铁芯损耗 P_{Fe}、铜损 P_{Cu} 和附加损耗 P_a 4 种。

（1）机械损耗 P_m：电动机旋转时，必须克服摩擦阻力，因此产生机械损耗。其中有轴与轴承摩擦损耗，以及转动部分与空气的摩擦损耗等。

（2）铁芯损耗 P_{Fe}：当直流电动机旋转时，电枢铁芯因其中磁场反复变化而产生的磁滞损耗和涡流损耗称铁芯损耗。

上述机械损耗 P_m 和铁芯损耗 P_{Fe} 在直流电动机转起来，尚未带负载时就存在，故上述两损耗之和称为空载损耗 P_0，即

$$P_0 = P_m + P_{Fe} \qquad (2-1-5)$$

由于机械损耗 P_m 与铁芯损耗 P_{Fe} 都会产生与旋转方向相反的制动转矩,该转矩将抵消一部分拖动转矩,因此这个制动转矩称为空载转矩 T_0。

(3) 铜耗 P_{Cu}:当直流电动机运行时,在电枢回路和励磁回路中都有电流经过,因此在绕组电阻上产生的损耗称为铜耗。

(4) 附加损耗 P_s:又称杂散损耗,其值很难计算和测定,一般取 (0.5% ~ 1%) P_N。

由此可知,直流电动机总损耗 $\sum P$ 为

$$\sum P = P_m + P_{Fe} + P_{Cu} + P_s$$

当他励直流电动机接上电源时,电枢绕组流过电流 I_a,电网向电动机输入的电功率为

$$P_1 = UI = UI_a = (E_a + I_a R_a) I_a = E_a I_a + I_a^2 R_a = P_{em} + P_{Cua}$$

上式说明:输入的电功率一部分被电枢绕组消耗(电枢铜损),一部分转换成机械功率。

从上述分析可知,电动机旋转后,还要克服各类摩擦引起的机械损耗 P_m、电枢铁芯损耗 P_{Fe},以及附加损耗 P_s,而大部分从电动机轴上输出,故电动机输出的机械功率为

$$P_2 = P_{em} - P_{Fe} - P_m - P_s$$

若忽略附加损耗,则输出机械功率 P_2 为

$$P_2 = P_{em} - P_{Fe} - P_m = P_{em} - P_0 \qquad (2-1-6)$$
$$= P_1 - P_{Cua} - P_0$$
$$= P_1 - \sum P \qquad (2-1-7)$$

则直流电动机的功率为

$$\eta = \frac{P_2}{P_1} \times 100\% = \frac{P_2}{P_2 + \sum P} \times 100\%$$

一般中小型直流电动机的功率在 75% ~ 85%,大型直流电动机的功率为 85% ~ 94%。

他励直流电动机的功率平衡关系可用功率流程图来表示,如图 2-1-11 所示。

3. 转矩平衡方程式

将式 (2-1-7) 等号两边同除以电动机的机械角速度 Ω,可得转矩平衡方程式

$$\frac{P_2}{\Omega} = \frac{P_{em}}{\Omega} - \frac{P_0}{\Omega}$$

即

$$T_2 = T - T_0$$

或 $T = T_2 + T_0$

式中　T——电动机电磁转矩（N·m）；

　　　T_2——电动机轴上输出的机械转矩（负载转矩）（N·m）；

　　　T_0——空载转矩（N·m）。

由于空载转矩 T_0 仅为电动机额定转矩的 2%～5%，所以在重载或额定负载下常忽略不计，则负载转矩 T_2 近似与电磁转矩 T 相等。

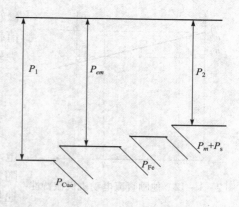

图 2-1-11　他励直流电动机功率流程图

二、他励直流电动机的机械特性

直流电动机的机械特性是在稳定运行情况下，电动机的转速与电磁转矩之间的关系，即 $n = f(T)$。机械特性是电动机的主要特性，是分析电动机启动、调速、制动的重要工具。

1. 他励直流电动机的机械特性方程式

由他励直流电动机电动势平衡方程式

$$U = E_a + I_a(R_a + R_{pa}) = E_a + I_a R$$

式中　pa——电枢回路外串电阻（Ω）。

又由 $E_a = C_e \Phi n$，可得

$$n = \frac{U - I_a R}{C_e \Phi}$$

再由 $T = C_T \Phi I_a$ 得 $I_a = T/(C_T \Phi)$，最终可得机械特性方程式：

$$n = \frac{U}{C_e \Phi} - \frac{TR}{C_e C_T \Phi^2} \qquad (2-1-8)$$

式中　C_e、C_T、Φ——由电动机结构决定的常数。

当 U、R 数值不变时，转速 n 与电磁转矩 T 为线性关系，其机械特性曲线如图 2-1-12 所示。

由图可知，式（2-1-8）还可以写成：

$$n = n_0 - \beta T = n_0 - \Delta n \qquad (2-1-9)$$

式中　n_0——电磁转矩 $T = 0$ 时的转速，称为理想空载转速 $n_0 = \dfrac{U}{C_e \Phi}$（r/min）。

　　　电动机实际上空载运行时，由于 $T = T_0 \neq 0$，所以实际空载转速 n'_0 略小于理想空载转速 n_0。

　　　β——机械特性斜率，$\beta = \dfrac{R}{C_e C_T \Phi^2}$。在同一 n_0 下，β 值较小时，转速随电

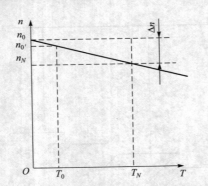

图 2-1-12 他励直流电动机机械特性

磁转矩的变化较小，称此特性为硬特性，β 值越大，表明直线倾斜越厉害，机械特性为软特性；

Δn——转速降，$\Delta n = \dfrac{R}{C_e C_T \Phi^2} T$ （r/min）。

当电动机负载变化时，如 T_L 增大，则电动机转速下降，电动机的电磁转矩 T 也随之增大，直至新的稳定工作点，此时转速降为 Δn。且斜率 β 越大，转速下降越快。

2. 他励直流电动机的固有机械特性

当他励直流电动机的电源电压、磁通为额定值，电枢回路未附加电阻时的机械特性称为固有机械特性，其特性方程式为

$$n = \dfrac{U_n}{C_e \Phi_n} - \dfrac{R_a}{C_e C_T \Phi_n^2} T \qquad (2-1-10)$$

由于电枢绕组的电阻 R_a 阻值很小，而 Φ_n 值大，因此 Δ_n 很小，固有机械特性为硬特性。

3. 他励直流电动机的人为机械特性

人为地改变电动机气隙磁通 Φ、电源电压 U 和电枢回路串联电阻 R_{pa} 等参数，获得的机械特性为人为机械特性。

（1）电枢回路串联电阻 R_{pa} 时的人为特性。电枢回路串联电阻 R_{pa} 时的人为机械特性方程为

$$n = \dfrac{U_n}{C_e \Phi_n} - \dfrac{R_a + R_{pa}}{C_e C_T \Phi_n^2} T \qquad (2-1-11)$$

与固有机械特性相比，电枢回路串电阻 R_{pa} 的人为机械特性的特点为：

① 理想空载转速 n_0 保持不变；

② 机械特性的斜率 β 随 R_{pa} 的增大而增大，特性曲线变软。图 2-1-13 为不同 R_{pa} 时的一组人为机械特性曲线，从图中可以看出改变电阻 R_{pa} 的大小，可以使电动机的转速发生变化，因此电枢回路串电阻可用于调速。

（2）改变电源电压时的人为机械特性。当 $\Phi = \Phi_N$，电枢回路不串联电阻，即 $R_{pa} = 0$ 时，改变电源电压的人为机械特性方程式为

$$n = \dfrac{U}{C_e \Phi_n} - \dfrac{R_a}{C_e C_T \Phi_n^2} T \qquad (2-1-12)$$

由于受到绝缘强度的限制，电源电压只能从电动机额定电压 U_N 向下调节。与固有机械特性相比，改变电源电压的人为机械特性的特点为：

① 理想空载转速 n_0 正比于电压 U，U 下降时，n_0 成正比例减小；

② 特性曲线斜率 β 不变，图 2-1-14 为调节电压的一组人为机械特性曲线，它是一组平行直线。因此，降低电源电压也可用于调速，U 越低，转速越低。

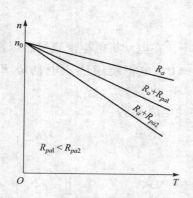

图 2-1-13　他励直流电动机电枢回路串电阻的人为机械特性

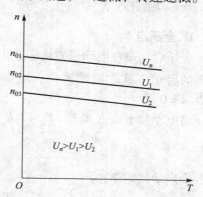

图 2-1-14　他励直流电动机降压的人为机械特性

（3）改变磁通时的人为机械特性。保持电动机的电枢电压 $U=U_N$，电枢回路不串电阻，即 $R_{pa}=0$ 时，改变磁通的人为机械特性方程式为

$$n = \frac{U_n}{C_e \Phi_n} - \frac{R_a}{C_e C_T \Phi^2} T \qquad (2-1-13)$$

由于电机设计时，Φ_N 处于磁化曲线的膝部，接近饱和段，因此，磁通只可从 Φ_N 往下调节，也就是调节励磁回路串接的可变电阻 R_{pf} 使其增大，从而减小励磁电流 I_f，减小磁通 Φ。与固有机械特性相比，改变磁通的人为机械特性的特点是：

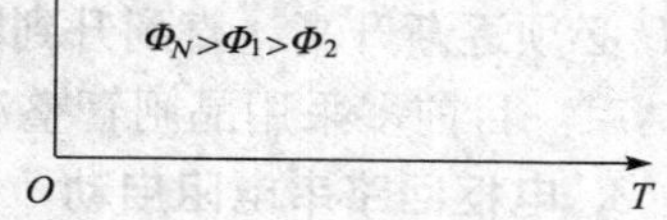

① 理想空载转速与磁通成反比，减弱磁通 Φ，n_0 升高；

② 斜率 β 与磁通二次方成反比，减弱磁通使斜率增大。

如图 2-1-15 所示为一组减弱磁通的人为机械特性曲线，随着 Φ 减弱，n_0 升高，曲线斜率变大。若用于调速，则 Φ 越小，转速越高。

图 2-1-15　他励直流电动机减弱磁通的人为机械特性

第四节　他励直流电动机的启动和反转

生产机械对直流电动机的要求是：启动转矩 T_{st} 足够大，因为只有 T 大于负

载转矩 T_L 时，电动机方可顺利启动；启动电流 I_{st} 不可太大；启动设备操作方便，启动时间短，运行可靠，成本低廉。

一、启动方法

1. 全压启动

全压启动是在电动机磁场磁通为 Φ_N 情况下，在电动机电枢上直接加以额定电压的启动方式。启动瞬间，电动机转速 $n=0$，电枢绕组感应电动势 $E_a = C_e \Phi_N n = 0$。

由电动势平衡方式 $U = E_a + I_a R_a$ 可知，启动电流 I_{st} 为

$$I_{st} = \frac{U_n}{R_a} \qquad (2-1-14)$$

则启动转矩 T_{st} 为

$$T_{st} = C_T \Phi_n I_{st} \qquad (2-1-15)$$

由于电枢电阻 R_a 阻值很小，额定电压下直接启动的启动电流很大，通常可达额定电流的 10~20 倍，启动转矩也很大。过大的启动电流引起电网电压下降，影响其他用电设备的正常工作，同时电动机自身的换向器产生剧烈的火花而过大的启动转矩可能会使轴上受到不允许的机械冲击。所以全压启动只限于容量很小的直流电动机。

2. 减压启动

减压启动是启动前将施加在电动机电枢两端的电源电压降低，以减小启动电流 I_{st}，为了获得足够大的启动转矩，启动电流通常限制在 (1.5~2)I_N 内，则启动电压应为

$$U_{st} = I_{st} R_a = (1.5 \sim 2) I_n R_a \qquad (2-1-16)$$

随着转速 n 的上升，电动势 E_a 逐渐增大，I_a 相应减小，启动转矩也减小。为使 I_{st} 保持在 (1.5~2)I_N 范围，即保证有足够大的启动转矩，启动过程中电压 U 必须逐渐升高，直到升到额定电压 U_N，电动机进入稳定运行状态，启动过程结束。目前多采用晶闸管整流装置自动控制启动电压。

3. 电枢回路串电阻启动

电枢回路串电阻启动时电动机电源电压为额定值且恒定不变时，在电枢回路中串接一个启动电阻 R_{st} 来达到限制启动电流的目的，此时 I_{st} 为

$$I_{st} = \frac{U_n}{R_a + R_{st}} \qquad (2-1-17)$$

启动过程中，由于转速 n 上升，电枢电动势 E_a 上升，启动电流 I_{st} 下降，启动转矩 T_{st} 下降，电动机的加速度作用逐渐减小，致使转速上升缓慢，启动过程延长。欲想在启动过程中保持加速度不变，必须要求电动机的电枢电流和电磁转矩在启动过程中保持不变，即随着转速上升，启动电阻 R_{st} 应平滑均匀地减小。

往往是把启动电阻分为若干段,来逐渐切除。

图 2-1-16 为他励直流电动机自动启动电路图,图中 R_{st4}、R_{st3}、R_{st2}、R_{st1} 为各级串入的启动电阻,KM 为电枢线路接触器,KM1~KM4 为启动接触器,用它们的常开主触头来短接各段电阻。启动过程机械特性如图 2-1-17 所示。

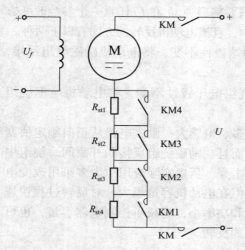
图 2-1-16 他励直流电动机电枢回路
串电阻启动控制主电路图

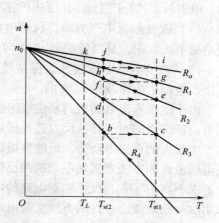
图 2-1-17 他励直流电机 4 级
启动机械特性

在电动机励磁绕组通电后,再接通线路接触器 KM 线圈,其常开触头闭合,电动机接上额定电压 U_N,此时电枢回路串入全部启动电阻 $R_4 = R_a + R_{st1} + R_{st2} + R_{st3}$ 启动,启动电流 $I_{st1} = U_n/R4$,产生的启动转矩 $T_{st1} > T_L$ ($T_L = T_N$)。电动机从 a 点开始启动,转速沿特性曲线上升至 b 点,随着转速上升,反电动势 $E_a = C_e \Phi n$ 上升,电枢电流减小,启动转矩减小,当减小至 T_{st2} 时,接触器 KM1 线圈通电吸合,其触头闭合,短接第 1 级启动电阻,电动机由 R_4 的机械特性切换到 R_3 ($R_3 = R_a + R_{st1} + R_{st2} + R_{st3}$) 的机械特性。切换瞬间,由于机械惯性,转速不能突变,电动势 E_a 保持不变,电枢电流突然增大,转矩也成比例突然增大,恰当的选择电阻,使其增加至 T_{st1},电动机运行点从 b 点过度至 c 点。从 c 点沿 cd 曲线继续加速到 d 点,KM2 触头闭合,切除第 2 级启动电阻 R_{st3},电动机运行点从 d 点过渡到 e 点,电动机沿 ef 曲线加速,如此周而复始,依次使接触器 KM3、KM4 触头闭合,电动机由 a 点经 b、c、d、e、f、g、h 点到达 i 点。此时,所在启动电阻均被切除,电动机进入固有机械特性曲线运行并继续加速至 k 点。在 k 点 $T = T_L$ 电动机稳定运行,启动过程结束。

由上述分析可知,电枢电路串电阻启动与绕线转子三相异步电动机转子串电阻启动相似。于是,电动机启动时获得均匀加速,减少机械冲击,应合理选择各级电阻,以使每一级切换转矩 T_{st1}、T_{st2} 数值相同。一般 $T_{st1} = (1.5 \sim 2.0) T_N$,

$T_{s2} = (1.1 \sim 1.3) T_N$。

二、他励直流电动机反转

要使他励直流电动机反转也就是使电磁转矩方向改变，而电磁转矩的方向是由磁通方向和电枢电流方向决定的。所以，只要将磁通 Φ 和 I_a 任意一个参数改变方向，电磁转矩就会改变方向。在电气控制中，直流电动机反转的方法有以下两种。

（1）改变励磁电流方向。保持电枢两端极性不变，将电动机励磁绕组反接，使励磁电流反向，从而使磁通 Φ 方向改变。

（2）改变电枢电压极性。保持励磁绕组电压极性不变，将电动机电枢绕组反接，电枢电流即改变 I_a 方向。

由于他励直流电动机的励磁绕组匝数多、电感大，励磁电流从正向额定值变到负向额定值的时间长，反应过程缓慢，而且在励磁绕组反接断开瞬间，绕组中将产生很大的自感电动势，可能造成绝缘击穿。所以实际应用中大多采用改变电枢电压极性的方法来实现电动机的反转。但在电动机容量很大，对反转过程快速性要求不高的场合，由于励磁电路的电流和功率小，为减小控制电器容量，也可采用改变励磁绕组极性的方法实现电动机的反转。

第五节　他励直流电动机的制动

他励直流电动机的电气制动是使电动机产生一个与旋转方向相反的电磁转矩，阻碍电动机转动。在制动过程中，要求电动机制动迅速、平滑、可靠、能量损耗少。

常用的电气制动有能耗制动、反接制动和发电回馈制动。此时电动机电磁转矩与转速的方向相反，其机械特性在第 Ⅱ、Ⅳ 象限内。

一、能耗制动

1. 制动原理

能耗制动是把正处于电动机运行状态的他励直流电动机的电枢从电网上切除，并接到一个外加的制动电阻 R_{bk} 上构成闭合回路，其控制电路如图 2－1－18 (a) 所示。制动时，保持磁通大小、方向均不变，接触器 KM 线圈断电释放，其常开触头断开，切断电枢电源；当常闭触头闭合，电枢接入制动电阻 R_{bk} 时，电动机进入制动状态，如图 2－1－18 (b) 所示。

电动机制动开始瞬间，由于惯性作用，转速 n 仍保持与原电动状态时的方向和大小，电枢电动势 E_a 亦保持电动状态时的大小和方向，但由于此时电枢电压 $U = 0$，因此电枢电流为

$$I_a = \frac{U - E_a}{R_a + R_{bk}} = -\frac{E_a}{R_a + R_{bk}} \qquad (2-1-18)$$

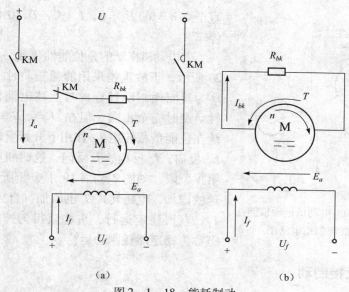

图 2 – 1 – 18　能耗制动
（a）能耗制动控制电路图；（b）能耗制动电路图

电枢电流为负值，其方向与电动状态时的电枢电流反向，称为制动电流 I_{bk}，由此产生的电磁转矩 T 也与转速 n 方向相反，成为制动转矩，在其作用下电动机迅速停转。

在制动过程中，电动机把拖动系统的动能转变为电能并消耗在电枢回路的电阻上，故称为能耗制动。

2. 机械特性

将 $U=0$，$R=R_a+R_{bk}$ 代入式 (2–1–8) 中，便可获得能耗制动的机械特性方程

$$n = \frac{0}{C_e \Phi_n} - \frac{R_a + R_{bk}}{C_e C_T \Phi_n^2} T = -\frac{R_a + R_{bk}}{C_e C_T \Phi_n^2} T \qquad (2-1-19)$$

能耗制动机械特性曲线是一条过坐标原点，位于第 Ⅱ 象限的直线，如图 2 – 1 – 19 所示。

若原电动机拖动反抗性恒转矩负载运行在电动状态的 a 点，当进行能耗制动时，在制动切换瞬间，由于转速 n 不能突变，电动机的工作点从 a 点过渡至 b 点，此时电磁转矩反向，与负载转矩同方向，在它们的共同作用下，电动机沿 bO 曲线减速，随着 n ↓→E_a↓→I_a↓→制动电磁转矩 T↓，

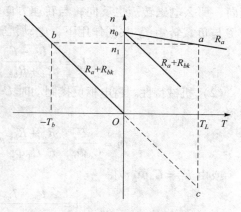

图 2 – 1 – 19　能耗制动机械特性

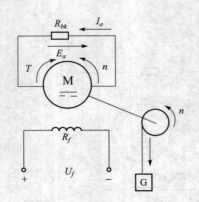

图 2-1-20 电动机拖动位能性负载能耗制动电路图

直至点 $n=0$，$E_a=0$，$I_a=0$，$T=O$ 电动机迅速停车。

若电动机拖动的是位能性负载，如图 2-1-20 所示，下放重物采用能耗制动时，从 $a \to b \to O$ 为其能耗制动过程，与上述电动机拖动反抗性负载时完全相同。但在 O 点，$T=0$，拖动系统在位能负载转矩 T_L 作用下开始反转，n 反向，E_a 反向，I_a 反向，T 反向，这时机械特性进入第Ⅳ象限，如图 2-1-19 中虚线所示，随着转速的增加，电磁转矩 T 也增加，直到 c 点，$T=T_L$，获得稳定运行，重物获得匀速放下。此状态称为稳定能耗制动运行。

二、反接制动

反接制动有电枢反接制动和倒拉反接制动两种方式。

1. 电枢反接制动

（1）制动原理。电枢反接制动是将电枢反接在电源上，同时电枢回路要串接制动电阻，控制电路如图 2-1-21（a）所示。当接触器 KM1 线圈接触吸合，KM2 线圈断电释放时，KM1 常开触头闭合，KM2 常开触头断开，电动机稳定运行在 a 点的电动状态。而当 KM1 线圈断电释放，KM2 通电吸合时，由于 KM1 常开触头断开，KM2 常开触头闭合，把电枢反接，并串入限制反接制动电流的制动电阻 R_{bk}。

电枢电源反接瞬间，转速 n 因惯性不能突变，电枢电动势 E_a 亦不变，但电枢电压 U 反向，此时电枢电流 I_a 为负值，式（2-1-20）表明制动使电枢电流反向，那么电磁转矩也反向，与转速方向相反，电动机处于制动状态。在电磁转矩 T 与负载转矩 T_L 共同作用下，电动机转速迅速下降。

$$I_a = \frac{-U_n - E_a}{R_a + R_{bk}} = -\frac{U_n + E_a}{R_a + R_{bk}} \qquad (2-1-20)$$

（2）机械特性。将电枢反接制动时 $U = -U_N$，$R = R_a + R_{bk}$ 代入式（2-1-8）中得

$$n = \frac{-U_n}{C_e \Phi_n} - \frac{R_a + R_{bk}}{C_e C_T \Phi_n^2} T = -n_0 - \frac{R_a + R_{bk}}{C_e C_T \Phi_n^2} T \qquad (2-1-21)$$

或由 $E_a = C_e \Phi_N n$ 得

$$n = \frac{-U_n - I_{bk}(R_a + R_{bk})T}{C_e \Phi_n} \qquad (2-1-22)$$

机械特性曲线如图 2-1-21（b）所示。

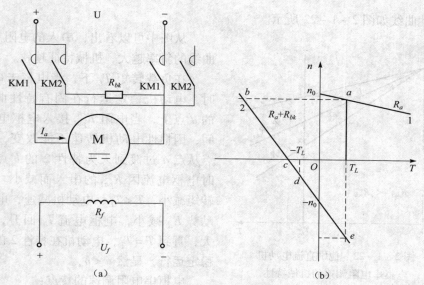

图 2-1-21 电枢反接制动
(a) 控制电路图；(b) 机械特性

电枢反接制动时，电动机的工作点从电动状态 a 点过渡到 b 点，电磁转矩方向对电动机进行制动，使电动机转速迅速降低，从 b 点沿制动特性曲线下降到 c 点，此时 $n=0$，若要求停车，必须马上切断电源，否则将进入反向启动。若要求电动机反向运行，且负载为反抗性恒转矩负载，当 $n=0$ 时，若电磁转矩 $|T| < |T_L|$，则电动机堵转；若 $|T| < |T_L|$，电动机将反向启动，沿特性曲线至 d 点，$-T=-T_L$，电动机稳定运行在反向电动状态。如果负载为位能性恒转矩负载，电动机反向旋转，转速继续升高到 e 点，在反向发电回馈制动状态下稳定运行。

第六节 他励直流电动机的调速

由直流电动机机械特性方程式

$$n = \frac{U}{C_e \Phi_n} - \frac{R}{C_e C_T \Phi_n^2} T$$

可知，人为地改变电枢电压 U、电枢回路总电阻 R 和每级磁通 Φ 都可改变转速 n。所以直流他励电动机的调速方法有：降压调速、电枢回路串电阻调速和减弱磁通调速三种。

一、改变电枢电路串联电阻的调速

由电枢回路串接电阻 R_{pa} 时的人为机械特性方程式可画出不同 R_{pa} 值的人为机

械特性曲线如图2-1-22所示。

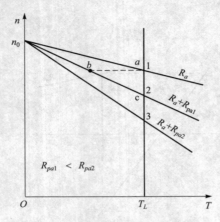

图2-1-22 他励直流电动机电枢串电阻调速的机械特性

从图中可以看出，串入的电阻越大，曲线的斜率越大，机械特征越软。

在负载转矩 T_L 下，当电枢未串 R_{pa} 时，电动机稳定运行在固有特性曲线1的 a 点上，当电阻 R_{pa1} 接入电枢电路瞬间，因惯性电动机转速不能改变，工作点从点 a 过渡到人为特性2的 b 点，此时电枢电流因 R_{pa1} 的串入而减小。电磁转矩减小，$T<T_L$，电动机减速，电枢电动势 E_a 减小，电枢电流 I_a 回升，T 增大，直到 $T=T_L$，电动机在特性2的 c 点稳定运行，显然 $n<n_a$。

电枢串电阻调速的特点：

（1）串入电阻后转速只能降低，且串入电阻越大特性越软，特别在低速运行时，负载波动引起电动机的转速波动很大。因此低速运行的下限受到限制，其调速范围也受到限制，一般小于等于2。

（2）串入电阻一般是分段串入，使其调速是有级调速，调速的平滑性差。

（3）电阻串入在电枢电路中，而电枢电流大，从而使调速电阻消耗的能量大，不经济。

（4）电枢串电阻调速方法简单，设备投资少。

这种调速方法适用于小容量电动机调速。但调速电阻不能用启动变阻器代替，因为启动电阻是短时使用的，而调速电阻则是连续工作的。

二、降低电枢电压调速

由降低电枢电压人为机械特性方程式（2-1-12）画出降压后的人为机械特性曲线如图2-1-23所示。

降低调速的物理过程为：在负载转矩 T_L 下，电动机稳定运行在固有特性曲线1的 a 点，若突然将电枢电压从 $U_1=U_N$ 降至 U_2，因机械惯性，转速不能突变，电动机由 a 点过渡到特性曲线2上的 b 点，此时 $T<T_L$，电动机立即进行减速。随着 n 的下降，电动势 E_a 下降，电枢电流 I_a 回升，电磁转矩 T 上升，直到特性2的 c 点，$T=T_L$，电动机以较低转速 n_c 稳定运行。

若降压幅度较大时，如从 U_1 突然降到 U_3，电动机由 a 点过渡到 b 点，由于 $n_d>n_{03}$，电动机进入发电回馈制动状态，直至 e 点。当电动机减速至 e 点时，$Ea=U_3$，电动机重新进入电动状态继续减速直至特性曲线3的 f 点，电动机以更低的转速稳定运行。

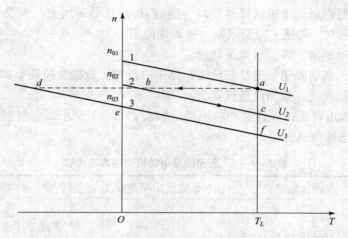

图 2-1-23 他励直流电动机降压调速机械特性

降压调速的特点：

（1）调压调速机械特性硬度不变，调速性能稳定，调速范围广。

（2）电源电压便于平滑调节。故调速平滑性好，可实现无级调速。

（3）调压调速是通过减小输入功率来降低转速的，故低速时损耗减小，调速经济性好。

（4）调节电源设备较复杂。

由于调压调速性能好，被广泛用于自动控制系统中。

三、减弱磁通调速

在电动机励磁电路中，通过串接可调电阻 R_{pf}，改变励磁电流，从而改变磁通 Φ 的大小来调节电动机转速。由减弱磁通调速人为机械特性方程式（2-1-13）可画出如图 2-1-24 所示机械特性曲线。

减弱磁通调速的物理过程：若电动机原在 a 点稳定运行，当磁通 Φ 从 Φ_1 突然降至 Φ_2 时，由于机械惯性，转速来不及变化，则电动机由 a 点过渡到 b 点，此时 $T < T_L$，电动机立即加

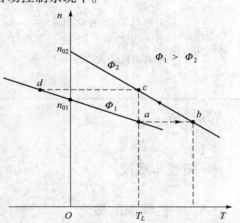

图 2-1-24 他励直流电动机减弱磁通调速的机械特性

速，随着 n 的提高，E_a 增大，I_a 下降，T 下降，至 c 点 $T = T_L$，电动机以新的较高的转速稳定运行。而 Φ 由 Φ_2 突然增至 Φ_1 时，将会出现一段发电回馈制动。

减弱磁通调速的特点：

（1）减弱磁通调速机械特性变软，随着 Φ 的减小 n 加大，但受电动机换向和机械强度限制，调速上限受限制，故调速范围不大。

（2）调速平滑，可实现无级调速。

（3）由于减弱磁通调速是在励磁回路中进行的，故能量损耗小。

（4）控制方便，控制设备投资少。

他励直流电动机调速性能和应用场合如表2-1-1所示，可根据生产机械调速要求合理选择调速方法。

表2-1-1 直流他励电动机调速方法比较

调速方法	调速范围 D[①]	相对稳定性	平滑性	经济性	应用
串电阻调速	在额定负载 $D=2$，轻载时 D 更小	差	差	调速设备投资少，电能损耗大	对调速性能要求不高的场合，适用于与恒转矩负载配合
降压调速	一般为 8 左右；100 kW 以上电动机可达 10 左右；1 kW 以下的电动机为 3 左右	好	好	调速设备投资大，电能损耗小	对调速要求高的场合，适用于与恒转矩负载配合
减弱磁通调速	一般直流电动机为 1.2 左右。变磁通电动机最大可达 4	较好	好	调速设备投资少，电能损耗小	一般与降压调速配合使用，适用于与恒功率负载配合

① $D = \dfrac{n_{\max}}{n_{\min}}$.

● 拓展与提高

一、电机调速的概念

电机调速分有级调速和无级调速。

有级调速通过电机电极数目的变化和机械传动装置进行。

无级调速是指机电传动速度在一定的控制条件下，工作机构能够实现任意连续的速度变化，无级调速可通过机械传动、流体传动或电气传动等方式来实现。

电气无级调速实际上是通过不同的电气控制系统对直流电动机和交流电动机进行

控制（改变电压、频率等参数），使其输出轴的转速连续而任意地变化，分别称为直流调速和交流调速。

由于直流电动机具有良好的调速特性和宽广的调速范围，所以在调速性能指标要求较高的场合，直流调速系统得到了广泛的应用。

交流异步电动机结构简单、价格低廉、运行可靠，在机电传动中得到了广泛的应用。异步电动机采用变频调速方法后，调速范围广，系统效率高。因此，交流异步电动机变频调速是交流调速的主要发展方向。下面介绍直流调速系统和交流变频调速的有关概念。

二、调速静态技术指标

无级调速静态技术指标主要有静差率和调速范围两项。

1. 静差率

如图 2-1-25 所示，电动机在某一机械特性曲线状态下运行时，额定负载下所产生的转速降落 Δn 与理想空载转速 n_o 之比，称为静差率，用 S 表示，即 $S = \Delta n / n_o$。

静差率表示电动机运行时转速的稳定程度。在 n_o 相同时，电动机的机械特性越硬，Δn 越小，则静差率越小，电动机的相对稳定性就越高。静差率除与机械特性硬度有关外，还与 n_o 成反比。对于同样硬度的机械特性，如图 2-1-25 中的特性曲线 1 和 2，虽然 Δn 相等，但静差率不同，$S_2 > S_1$。在机电设备运转时，为了保证转速的稳定性，要求 S 应小于某一允许值。由于低速时 S 较大，因此电动机最低转速的调节受到允许静差率的限制。

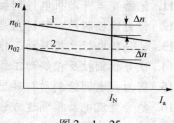

图 2-1-25

2. 调速范围

电动机在额定负载下调速时，允许的最高转速 n_{max} 与最低转速 n_{min} 之比，称为调速范围，用 D 表示，即 $D = n_{max} / n_{min}$。

对于调速性能要求较高的系统，希望调速范围 D 大一些，因此必须采用闭环系统。可参考有关内容。

3. 平滑性

在一定范围内，调速的级数越多，则认为调速越平滑。平滑性用平滑系数来衡量，它是相邻两级转速之比

$$\Phi = n_i / n_{i-1}$$

Φ 越接近于 1，则系统调速的平滑性越好。当 $\Phi = 1$ 时，称为无级调速，即转速可以连续调节，采用调压、弱磁等调速的方法可以实现无级调速。

4. 经济性

主要考虑设备的初投资、调速时电能的损耗及运行的维修费用等。

思考与练习

1. 直流电机中为何要用电刷和换向器，它们有何作用？
2. 简述直流电动机的工作原理。
3. 直流电动机的励磁方式有哪几种？画出其电路。
4. 试写出直流电动机的基本方程式，它们的物理意义各是什么？
5. 何为直流电动机的机械特性，写出他励直流电动机的机械特性方程式。
6. 何为直流电动机的固有机械特性与人为机械特性？
7. 写出他励直流电动机各种人为机械特性方程式和人为机械特性曲线，并分析其特点。
8. 直流电动机一般为什么不允许采用全压启动？
9. 试分析他励直流电动机电枢串电阻启动物理过程。
10. 他励直流电动机实现反转的方法有哪两种？实际应用中大多采用哪种方法？
11. 他励直流电动机电气制动有哪几种？
12. 何为能耗制动？其特点是什么？
13. 试分析电枢反接制动工作原理。
14. 试分析倒拉反接制动工作原理。
15. 何为发电回馈制动？其出现在何情况下？
16. 他励直流电动机调速方法有哪几种？各种调速方法的特点是什么？
17. 试定性地画出各种电气制动机械特性曲线。

任务二　直流电动机的控制

● 任务描述

直流电动机具有良好的启动、制动和调速性能，对其容易实现各种运行状态的控制，因此获得广泛的应用。直流电动机有串励、并励、复励和他励4种，其控制电路基本相同。本节仅讨论他励直流电动机的启动、反向和制动及调速控制电气控制电路。

● 方法与步骤

直流电动机控制元件选用与交流电动机控制元件选用有区别。按照任务一对直流电动机工作特性的分析，首先进行直流电动机单向转动的控制进行学习，然后进行双向控制的学习，最后用机床控制电路方法进行调速控制。

● 相关知识与技能

第一节　直流电动机单向旋转启动电路

图 2-2-1 为直流电动机电枢串二级电阻，按时间原则启动电路。图中 KM1 为线路接触器，KM2、KM3 为短接启动电阻接触器，KM1 为过电流继电器，KA2 为欠电流继电器，KT1、KT2 为时间继电器，R_1、R_2 为启电电阻，R_3 为放电电阻。

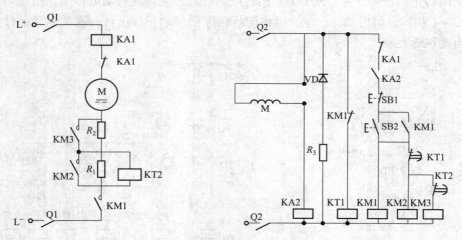

图 2-2-1　直流电动机电枢串电阻单向旋转启动电路

电路工作原理：合上励磁与控制电路电源开关 Q2 后再合上电动机电枢电源开关 Q1。KT1 线圈通电，其常闭触头断开，切断 KM2、KM3 线圈电路，确保启动时将电阻 R_1、R_2 全部串入电枢回路，按下启动按钮 SB2。KM1 线圈通电并自锁，主触头闭合，接通电枢回路，电枢串入二级启动电阻启动；同时 KM1 常闭辅助触头断开，KT1 线圈断电，短接电枢回路启动电阻 R_1、R_2 做准备。在电动机串入 R_1、R_2 启动同时，并接在 R_1 电阻两端的 KT2 线圈通电，其常闭触头断开，使 KM3 线圈电路处于断电状态，确保 R_2 串入电枢电路。

经一段时间延时后，KT1 常闭断电延时闭合触头闭合，KM2 线圈通电吸合，主触头短接电阻 R_1，电动机转速升高，电枢电流减小。为保持一定的加速转矩，启动中应逐级切除电枢启动电阻。就在 R_1 被 KM2 主触头短接的同时，KT2 线圈断电释放，再经一定时间的延时，KT2 常闭断电延时闭合触头闭合，KM3 线圈通电吸合，KM3 主触头闭合短接第 2 段电枢启动电阻 R_2。电动机在额定电枢电压下运转，启动过程结束。

该电路由过电流继电器 KA1 实现电动机过载和电路保护；欠电流继电器 KA2 实现电动机欠磁场保护；电阻 R_3 与二极管 VD 构成电动机励磁绕组断开电源时产生感应电动势的放电回路，以免产生过电压。

第二节　直流电动机可逆运转启动电路

图 2-2-2 为通过改变直流电动机电枢电压极性实现电动机正反转启动的电路。图中 KM1、KM2 为正、反转接触器，KM3、KM4 为短接电枢电阻接触器，KT1、KT2 为时间继电器，KA1 为过电流继电器，KA2 为欠电流继电器，R_1、R_2 为启动电阻，R_3 为放电电阻，SB2 为正转启动按钮，SB3 为反转启动按钮，SQ1 为反向转正向行程开关，SQ2 为正向转反向行程开关。其启动电路工作情况与图 2-2-1 相同，但启动后，电动机将按行程原则自动正、反转，拖动运动部件实现自动往返运动。

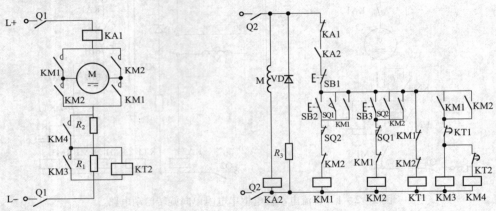

图 2-2-2　直流电动机正反转启动电路

第三节　直流电动机单向旋转串电阻启动、能耗制动电路

如图 2-2-3 所示为直流电动机单向旋转串电阻启动、能耗制动电路。图中 KM1、KM2、KM3、KA1、KA2、KT1、KT2 作用与图 2-2-2 相同，KM4 为制动接触器，KV 为电压继电器。

电路工作原理：电动机启动时电路工作情况与图 2-2-1 相同，在此不再重复。停车时，按下停止电钮 SB1、KM1 线圈断电释放，其主触头断开电动机电枢直流电源，电动机以惯性旋转。由于此时电动机转速较高，电枢两端仍建立一定的感应电动势，并联在电枢两端的电压继电器 KV 经自锁触头仍保持通电吸合状态，其常开触头仍闭合，使 KM4 线圈通电吸合。因 KM4 的常开主触头将电阻 R_4 并联在电枢两端，电动机实现能耗制动。随着电动机转速迅速下降，电枢感应电

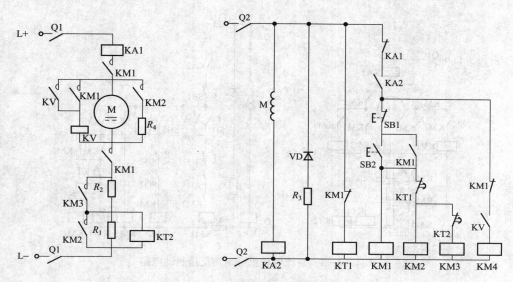

图 2-2-3 直流电动机单向旋转能耗制动电路

动势也随之下降,当降至一定值时 KV 释放,KM4 线圈断电,电动机能耗制动结束,自然停车至零。

第四节 直流电动机可逆旋转反接制动电路

如图 2-2-4 所示为电动机可逆旋转反接制动控制电路。图中 KM1、KM2 为电动机正、反转接触器,KM3、KM4 为启动短接电阻接触器,KM5 为反接制动接触器,KA1 为过电流继电器,KA2 为欠电流继电器,KV1、KV2 为正反接制动电压继电器,R_1、R_2 为启动电阻,R_3 为放电电阻,R_4 为反接制动电阻,KT1、KT2 为时间继电器,SQ1 为正转变反转行程开关,SQ2 为反转变正转行程开关。

该电路按时间原则分两级启动,能实现正反转并通过 SQ1、SQ2 行程开关实现自动换向,在换向过程中能实现反接制动,以加快换向过程。下面以电动机正转运行变反转运行为例来说明其电路工作原理。

当电动机正在做正向运转运动部件做正向移动时,且运动部件上的撞块压下行程开关 SQ1 时,KM1、KM3、KM4、KM5、KV1 线圈断电释放,KM2 线圈通电吸合。电动机电枢接通反向电源,同时 KV2 线圈通电吸合,反接时的电枢电路如图 2-2-5 所示。

由于机械惯性,电动机转速以及电动势 E_M 的大小和方向来不及变化,且电动势 E_M 方向与电枢串电阻电压降 IR_X 方向相反,此时电压继电器 KV2 的线圈电压很小不足以使 KV2 吸合,KM3、KM4、KM5 线圈处于断电状态,电动机电枢

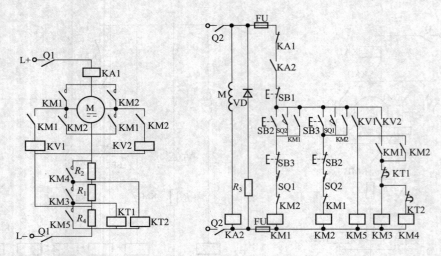

图 2-2-4 直流电动机可逆转反接制动电路

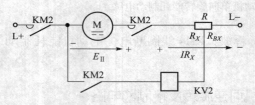

图 2-2-5 反接时的电枢电路

串入全部电阻进行反接制动。电动机转速迅速下降，随着电动机转速的下降，电势 E_M 逐渐减小，电压继电器 KV2 上电压逐渐增加，当 $n \approx 0$ 时，$E_M \approx 0$，加至 KV2 线圈电压加大并使其吸合动作，常开触头闭合，KM5 线圈通电吸合。KM5 主触头反接制动电阻 R_4，电动机电枢串入 R_1、R_2 电阻反向启动，直至反向正常运行，拖动运动部件反向移动。

当运动部件反向移动撞块压下行程开关 SQ2 时，则由电压继电器 KV1 来控制电动机实现反转时的反转制动和正向启动控制，原理同正向运动时相同，在此不再赘述。

第五节 直流电动机调速控制

直流电动机可通过改变电枢电压或励磁电流来调速，前者常由晶闸管构成单相或三相全波可控整流电路，通过改变其导通角来实现降低电枢电压的控制；后者常通过改变励磁绕组中的串联电阻来实现弱磁调速。下面以改变电动机励磁电流为例来分析其调速控制。

如图 2-2-6 所示为直流电动机改变励磁电流的调速控制电路。

电动机的直流电源从两相零式整流电路获得，电阻 R 兼有启动限流和制动限流的作用，电阻 R_1、R_{RF} 为调速电阻，电阻 R_2 用来吸收励磁绕组的自感电动势，起过电压保护作用。KM1 为能耗制动接触器，KM2 为运行接触器，KM3 为切除

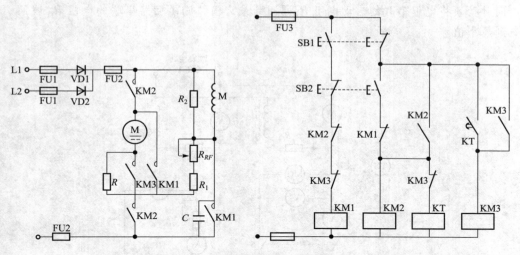

图 2-2-6　直流电动机变励磁电流的调速控制电路

启动电阻接触器。

电路工作原理：

（1）启动：按下启动按钮 SB2，KM2 和 KT 线圈同时通电并自锁，电动机 M 电枢串入电阻 R 启动，经一段延时后，KT 通电延时闭合触头闭合，使 KM3 线圈通电并自锁，KM3 主触头闭合，短接启动电阻 R，电动机在全压下运行。

（2）调速：在正常运行状态下，调节电阻 R_{RF}，改变电动机励磁电流大小，从而改变电动机励磁磁通，实现电动机转速的改变。

（3）停车及制动：在正常运行状态下，按下停止按钮 SB1、KM2、KM3 线圈同时断电释放，其主触头断开，切断电动机电枢电路；同时 KM1 线圈通电吸合，KM1 主触头闭合，通过电阻 R 接通能耗制动电路，而 KM1 另一对常开触头闭合，短接电容器 C，使电源电压全部加在励磁线圈两端，实现能耗制动过程中的强励磁作用，加强制动效果。松开停止按钮 SB1，制动结束。

 思考与练习

1. 分析图 2-2-1 单向旋转启动控制电路，说明主电路中电阻 R_1、R_2 的作用？在直流电机启动时应注意什么现象？

2. 分析图 2-2-2 电路，电机是如何实现正反转控制的？

3. 分析图 2-2-7 所示直流他励电动机启动工作原理。MG 为负载。启动时，为什么须将励磁回路串联的电阻 R_{f1} 调至最小，先接通励磁电源，使励磁电流最大，同时必须将电枢串联启动电阻 R_1 调至最大，然后方可接通电枢电源。

为什么直流他励电动机停机时，必须先切断电枢电源，然后断开励磁电源。

同时必须将电枢串联的启动电阻 R_1 调回到最大值，励磁回路串联的电阻 R_{f1} 调回到最小值。

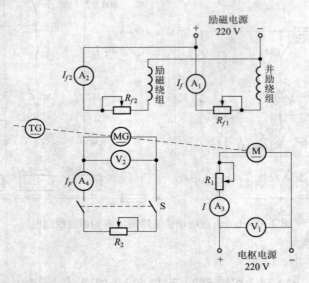

图 2-2-7　直流他励电动机启动工作原理

4. 分析图 2-2-8 所示直流他励电动机启动工作原理。MG 为负载。为什么将直流并励电动机 M 的磁场调节电阻 R_{f1} 调至最小值，电枢串联启动电阻 R_1 调至最大值？

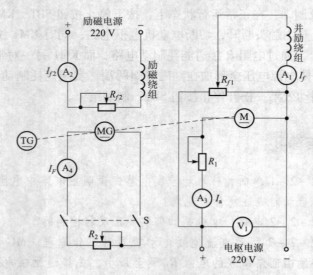

图 2-2-8　直流他励电动机启动工作原理

项目三　步进电机及控制

步进电动机是一种将电脉冲信号转换成直线或角位移的执行元件。对这种电动机施加一个电脉冲后，其转轴就转过一个角度，称为一步。脉冲数增加，直线或角位移随之增加；脉冲频率高，则电动机旋转速度就高，反之则慢；分配脉冲的相序改变后，电动机便逆转。这种电动机的运行状态与通常均匀旋转的电动机有一定的差别，是步进形式的运动，故称为步进电动机。从电动机绕组所加的电源形式来看，与一般的交直流电动机也有区别，既不是正弦波，也不是恒定电压，而是脉冲电压，所以有时也称为脉冲电动机。

步进电动机种类繁多，按运行方式可分为旋转型和直线型，通常使用的是旋转型。旋转型步进电动机又分为反应式（磁阻式）、永磁式和感应式三种。其中反应式步进电动机由于具有惯性小、反应快和速度高的特点，故应用较为广泛。在本任务中重要介绍反应式步进电动机的工作方式、特征和控制方法。

能力目标：
步进电动机工作特性
步进电动机的启动和启动频率
步进电动机的调速方法
电动机的控制电路

※　任务一　步进电动机　※

● **任务描述**

步进电动机是受其输入信号，即一系列的电脉冲控制而动作的。脉冲发生器所产生的电脉冲信号，通过环形分配器按一定的顺序加到电动机的各相绕组上。为使电动机能够输出足够的功率，经环形分配器产生的脉冲信号还需进行功率放大。环形分配器、功率放大器以及其他控制线路组合称为步进电动机的驱动电源，它对步进电动机来说是不可分割的一部分。步进电动机、驱动电源和控制器构成步进电动机传动控制系统，如图 3-1-1 所示。

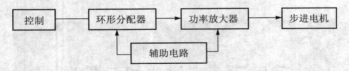

图 3-1-1 步进电动机传动控制系统框图

步进电动机具有独特的优点：
(1) 控制特性好；
(2) 误差不长期积累；
(3) 步距值不受各种干扰因素的影响。

步进电动机的转子运动的速度主要取决于脉冲信号的频率，总位移量取决于总的脉冲信号数；故它作为伺服电动机应用于控制系统时，往往可以使系统简化，工作可靠，而且可获得较高的控制精度，在多数情况下，可以代替交直流伺服电动机。近年来，随着微电子技术、电力电子技术和计算机技术的发展，数控系统的采用，促进了步进电动机的发展，使步进电动机在机械、电子、纺织、轻工、化工、石油、邮电、冶金、文教和卫生等行业，特别是在数控机床上都获得越来越广泛的应用。

本任务从应用的角度介绍步进电动机的基本结构、工作原理、主要技术指标、运行特性和影响因素。

● 方法与步骤

脉冲供电方式是步进电动机的能源特征。掌握磁路的两个重要特征，即走磁阻最小路径和走磁路最短的特征，对步进电动机工作原理的掌握大有帮助。步距角、转速公式和特性的理解对步进电动机控制是必要的。

● 相关知识与技能

第一节 步进电动机的结构与工作原理

一、结构特点

步进电动机的结构分为定子和转子两大部分。定子由硅钢片叠成，装上一定相数的控制绕组，由环形分配器送来的电脉冲对多相定子绕组轮流进行励磁。转子用硅钢片叠成或用软磁性材料做成凸极结构；转子本身没有励磁绕组的叫做"反应式步进电动机"；用永久磁铁做转子的叫做"永磁式步进电动机"。步进电动机的结构形式很多，但其工作原理都大同小异，下面仅以三相反应式步进电动机为例说明其工作原理。

如图 3-1-2 所示为一台三相反应式步进电动机的结构简图。定子有 6 个磁极，每两个相对的磁极上绕有一相控制绕组。转子上装有 4 个凸齿。

二、工作原理

1. 基本工作原理

步进电动机的工作原理，其实就是电磁铁的工作原理，利用磁路的两个特征，一是磁路走路径最短和磁阻最小路径的特征。如图 3-1-3 所示，由环形分配器送来的脉冲信号，对定子绕组轮流通电。设先对 U 相绕组通电，V 相和 W 相都不通电。由于磁通具有力图沿磁阻最小路径通过的特点，图 3-1-3（a）中转子齿 1 和 3 的轴线与定子 U 极轴线对齐，即在电磁吸力作用下，将转子齿 1 和 3 吸引到 U 极下。此时，因转子只受径向力而无切向力，故转矩为零，转子被自锁在这个位置上；而 V、W 两相的定子齿则和转子齿在不同方向各错开 30°。随后，若 U 相断电，V 相绕组通电，则转子齿就和 V 相定子齿对齐，转子顺时针方向旋转 30°，如图 3-1-3（b）所示。然后使 V 相断电，W 相通电，转子齿就和 W 相定子齿对齐，转子又顺时针方向旋转 30°，使路径的磁阻最小，见图 3-1-3（c）。由此可见，当通电顺序为 U—V—W—U 时，转子便按顺时针方向一步一步地转动。每换接一次，则转子前进一步，一步所对应的角度称为步距角。电流换接三次，磁场旋转一周，转子前进一个齿距的位置，一个齿距所对应的角度称为齿距角（此例中转子有 4 个齿，齿距角为 90°）。

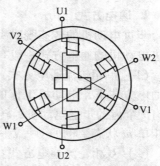

图 3-1-2 二相反应式步进电动机的结构简图

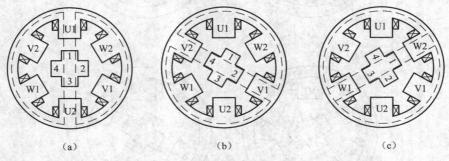

图 3-1-3 单三拍通电方式时转子的位置
(a) U 相通电；(b) V 相通电；(c) W 相通电

欲改变旋转方向，则只要改变通电顺序即可。例如，通电顺序改为 U—W—V—U，转子就逆时针转动。

2. 通电方式

步进电动机的转速既取决于控制绕组通电的频率，又取决于绕组通电方式。步进电动机的通电方式一般有：

(1) 单相轮流通电方式："单"是指每次切换前后只有一相绕组通电，在这种通电方式下，电动机工作的稳定性较差，容易失步。对一个定子为 m 相，转子有 z 个齿的步进电动机，转一转所需的步数为 mz 步。这种通电分配方式叫做 m 相单 m 状态，例如 U—V—W—U。

(2) 双相轮流通电方式："双"是指每次有两相绕组通电，由于两相通电，力矩就大些，定位精度高而不易失步。步进电动机每转步数亦为 m 步。这种通电分配方式叫做 m 相双 m 状态，例如 UV—VW—WU—UV。

(3) 单双相轮流通电方式：是单和双两种通电方式的组合应用，这时步进电动机转一转所需步数为 $2mz$ 步。这种通电分配方式叫做 m 相 $2m$ 状态，例如 U—UV—V—VW—W—WU—U。

步进电动机以一种通电状态转换到另一种通电状态就叫做一"拍"。步进电动机若按 U—W—V—U 方式通电，因为定子绕组为三相，每一次只有一相绕组，而每一个循环只有三次通电，故称为三相单三拍通电；如果按照 UV—VW—WU—UV 方式通电，称为三相双三拍通电；如果按照 U—UV—V—VW—W—WU—U 方式通电，称为三相六拍通电，如图3-1-4所示。从该图可以看出，

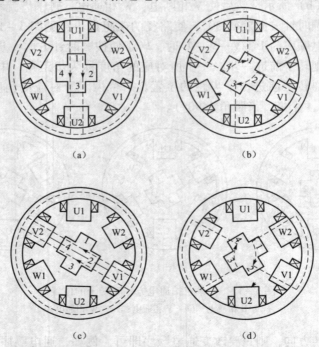

图3-1-4 步进电动机的通电方式
(a) U 相通电；(b) U、V 相通电；(c) V 相通电；(d) V、W 相通电

当U和V两相同时通电时，转子稳定位置将会停留在U、V两定子磁极对称的中心位置上，因为每一拍，转子转过一个步距角。由图3-1-3和图3-1-4可明显看出：三相单二拍和三相双三拍步距角为30°，三相六拍步距角为15°。上述步距角显然太大，不适合一般用途的要求，实用中采用小步距角步进电动机。

三、小步距角步进电动机

实际的小步距角步进电动机如图3-1-5所示。它的定子内圆和转子外圆上均有齿和槽，而且定子和转子的齿宽和齿距相等。定子上有三对磁极，分别绕有三相绕组，定子极面小齿和转子上刚、齿位置符合下列规律：当U相的定子齿和转子齿对齐时，V相的定子齿应相对于转子齿顺时针方向错开1/3齿距，而W相的定子齿又应相对于转子齿顺时针方向错开2/3齿距。也就是说，当某一相磁极下定子与转子的齿相对时，下一相磁极下定子与转子齿的位置刚好错开τ/m，其中，τ为齿距，m为相数；再下一相磁极下定子与转子的

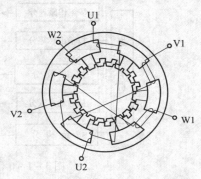

图3-1-5 实际的三相反应式步进电动机结构简图（垂轴式）

齿则错开$2\tau/m$；以此类推。当定子绕组按U—V—W顺序轮流通电时，转子就顺时针方向一步一步地移动，各相绕组轮流通电一次，转子就转过一个齿距。设转子的齿数为z，则齿距角为

$$\tau = 360°/z$$

因为每通电一次（即运行一拍），转子就走一步，故步距角为

$$\theta_b = 齿距/拍数(步数) = 360°/(z \times 拍数) = 360°/zKm$$

式中 K 为状态系数，相邻两次通电相数一致时$K=1$，如单、双三拍时；反之则$K=2$，如三相六拍时。

若步进电动机的$z=40$，三相单三拍或三相双三拍时，其步距角为

$$\theta_b = 360°/zKm = \frac{360°}{3 \times 40} = 3° \quad (3-1-1)$$

若按三相六拍运行时，其步距角为

$$\theta_b = 360°/zKm = \frac{360°}{2 \times 3 \times 40} = 1.5°$$

由此可见，步进电动机的转子齿数z和定子相数m越多，则步进电动机的运行拍数（步数）越多，步距角θ_b越小，控制越精确。

当定子控制绕组按着一定顺序不断地轮流通电时，步进电动机就持续不停地旋转。如果电脉冲的频率为f（通电频率），单位为Hz，步距角θ_b的单位为

(°)，则步进电动机的转速（单位为 r/min）为

$$n = \frac{\theta_b f}{2\pi} \cdot 60 = \frac{\frac{2\pi}{Kmz}f}{2\pi} \cdot 60 = \frac{60}{Kmz}f \qquad (3-1-2)$$

四、步进电动机的分类

步进电动机典型分类如图 3-1-6 所示。

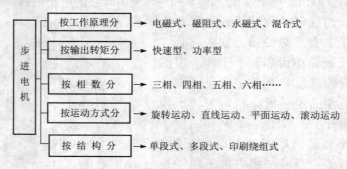

图 3-1-6 步进电动机的典型分类

1. 按步进电动机的工作原理分类

（1）电磁式（激磁式）。步进电动机的定子和转子均有绕组。靠电磁力矩使转子转动。

（2）磁阻式（反应式）。转子无绕组，定子绕组励磁后产生反应力矩，使转子转动。这是我国步进电动机发展的主要类型，已于 20 世纪 70 年代形成完整的系列，生产量较大，典型的是 BF 系列，并已制定了国家标准（GB）。我国可生产机座号（指电动机直径）从 18 至 200 各种型号，最大静转矩可以从 0.017 6 Nm 至 15.68 Nm，步距角从 15°至数分（′）多种。磁阻式步进电动机技术性能数据如表 3-1-1 所示，具有较好的技术性能指标。其主要特点是气隙小，定位精度高；步距角小，控制准确；励磁电流较大，要求驱动电源功率大；电动机内部阻尼较长，当相数较小时，单步振荡时间较长；断电后无定位转矩，使用中需自锁定位。

表 3-1-1 磁阻式步进电动机技术性能数据

项目 型号	相数	步距角 /(°)	电压 /V	相电流 /A	最大 静转矩 /Nm	空载启动 频率/ (步·s^{-1})	空载运行 频率/ (步·s^{-1})	电感 /mH	电阻 /Ω	分配 方式
28BF001	3	3	27	0.8	0.024 5	1 800		10	2.7	3 相 6 拍
36BF002—Ⅱ	3	3	27	0.6	0.049	1 900			6.7	3 相 6 拍
36BF003	3	1.5	27	1.5	0.078	3 100		5.4	1.6	3 相 6 拍
45BF003—Ⅱ	3	1.5	60	2	0.196	3 700	12 000	15.8	0.94	3 相 6 拍

续表

项目\型号	相数	步距角/(°)	电压/V	相电流/A	最大静转矩/Nm	空载启动频率/(步·s⁻¹)	空载运行频率/(步·s⁻¹)	电感/mH	电阻/Ω	分配方式
45BF005—Ⅱ	3	1.5	27	2.5	0.196	3 000		5.8	0.94	3相6拍
55BF001	3	7.5	27	2.5	0.245	850		27.6	1.2	3相6拍
75BF001	3	1.5	24	3	0.392	1 750		19	0.62	3相6拍
75BF003	9	1.5	30	4	0.882	1 250		35.5	0.82	3相6拍
90BF001	4	0.9	80	7	3.92	2 000	8 000	17.4	0.3	4相8拍
90BF006	5	0.36	24	3	2.156	2 400			0.76	5相10拍
110BF003	3	0.75	80	6	7.84	1 500	7 000	35.5	0.37	3相6拍
110BF004	3	0.75	30	4	4.9	500		56.5	0.72	3相6拍
130BF001	5	0.75	80/12	10	9.31	3 000	16 000		0.162	5相10拍
150BF002	5	0.75	80/12	13	13.72	2 800	8 000		0.121	5相10拍
150BF003	5	0.75	80/12	13	15.64	2 600	8 000		0.127	5相10拍
200BF006	5	0.16	24	4	14.7	1 300			0.77	5相10拍

(3) 永磁式。转子或定子的某一方具有永久磁钢,另一方是由软磁材料制成。绕组轮流通电,建立的磁场与永久磁钢的恒定磁场相互作用产生转矩。永磁式步进电动机的结构与永磁同步电动机一样,实际上,任意一台永磁同步机都能实现永磁式步进电动机运行。定子绕组可以是分布绕组,也可以是集中的短距或全距绕组。转子除了星形磁钢结构外,也可采取爪形磁极结构。永磁式步进电动机的技术性能参数如表3-1-2所示,主要特点是步距角大,一般为15°、22.5°、30°、45°、90°等,5°以下的很少见,控制精度不高;控制功率小,效率高;内阻尼较大,单片振荡时间短;断电后具有一定的定位转矩。

表3-1-2 永磁式步进电动机技术性能参数

项目\型号	相数	步距角/(°)	电压/V	相电流/A	保持转矩/N·m	定位转矩/Nm	空载启动频率/(步·s⁻¹)	电阻/Ω
32BY001	2	90	15	0.12	0.003 9	<0.001	150	80
36BY001	4	7.5	10	0.175	0.007 8	<0.003	700	
42BY001	4	7.5	24	0.5	0.034	<0.003	600	
42BY002	4	7.5	24	0.17	0.044	<0.003	450	
42BY003	4	7.5	24	0.3	0.026	<0.003	430	
55BY001	4	7.5	16	0.22	0.78	<0.005	300	
68BY001	4	1.8	12	0.14	0.044	<0.002	400	

(4) 混合式（永磁感应子式）。从定子或转子的导磁体来看，它如反应式，但与反应式的主要区别是转子上置有磁钢，反应式转子则无磁钢，输入能量全靠定子励磁电流供给，静态电流比永磁式大很多；从它的磁路内含有永久磁钢这点看，又可以说它是永磁式，但因其结构的不同，使其作用原理以及性能方面，都与永磁式步进电动机有明显的区别；它好像是反应式和永磁式的结合，所以常称为混合式。混合式步进电动机可以做成像反应式一样的小步距角，又具有永磁式控制功率小的优点；故具有驱动电流小、效率高、过载能力强、控制精度高等特点，代表着步进电动机的最新发展，是一种很有应用前景的步进电动机。目前生产的永磁感应子式步进电动机产品数据如表3-1-3所示。

表3-1-3 永磁感应子式步进电动机技术性能数据

项目 型号	相数	步距角 /(°)	电压 /V	相电流 /A	最大静转矩 /mN·m	空载启动频率 /(步·s⁻¹)	电感 /mH	电阻 /Ω	分配 方式	定位转矩 /mN·m
39BYG001	4	3.6	12	0.16	49	500	70	75	双四拍	5.8
39BYG002	4	1.8	12	0.16	59	800	65	75	双四拍	4.9
42BYG111	2	0.9	12	0.24	78	800	22	38	双四拍	2.4
57BYG007	4	1.8	13	0.38	245	650	46.5	32	双四拍	9.8
42BYG131	4	1.8	12	0.16	47	500	65	75	双四拍	2.4
57BYG008	4	1.8	4.5	1.3	343	1 000	6.5	3	双四拍	9.8
86BYG001	4	1.8	28	4.5	1 170	950	1.9	0.52	双四拍	78

2. 按步进电动机输出转矩大小分类

(1) 快速步进电动机。该类电动机输出转矩一般为0.07~4 Nm。可控制小型精密机床的工作台，例如线切割机床。

(2) 功率步进电动机。其输出转矩一般为5~40 Nm。可直接驱动机床移动部件。

此外，按励磁相数可分为三相、四相、五相、六相、……、m相等，相数越多，步距角越小，但结构越复杂。按定子排列还可分为多段式（顺轴式或轴向间隙式）和单段式（垂轴式或径向间隙式），轴向式的转动惯量小，快速性和稳定性好，功率步进电动机多为轴向式。轴向式如图3-1-7所示；径向式见图3-1-5。按运动方向还可分为旋转运动、直线运动、平面运动、滚动运动等，各有各的使用场合。

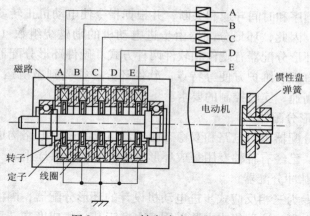

图3-1-7 轴向式步进电动机

第二节 步进电动机的环形分配器

一、步进电动机的驱动方式

步进电动机绕组是按一定通电方式工作的,为实现这种轮流通电,需将控制脉冲按规定的通电方式分配到步进电动机的每相绕组。这种分配既可以用硬件来实现也可以用软件来完成。实现脉冲分配的硬件逻辑电路称为环形分配器。在计算机数字控制系统中,采用软件完成脉冲分配的方式称为软件环分。

经分配器输出的脉冲能保证步进电动机绕组按规定顺序通电。但输出的脉冲未经放大时,其驱动功率很小,而步进电动机绕组通常需要相当大的功率,包含一定的电流和电压才能驱动。所以由分配器出来的脉冲还需进行功率放大才能驱动步进电动机。步进电动机驱动系统框图如图3-1-8所示。

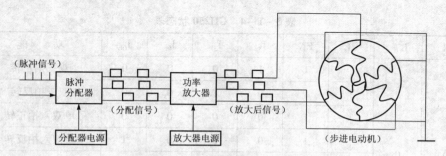

图3-1-8 步进电动机驱动系统框图

二、步进电动机的环形分配器

环形分配器是根据指令把脉冲信号按一定的逻辑关系加到放大器上,使各相绕组按一定的顺序和时间导通和关断,并根据指令使电动机正转或反转,实现确定的运行方式。因此,环形分配器由步进电动机的励磁绕组数(相数)和工作方式来决定。环形分配器有硬件和软件两种方式。硬件环形分配器有较好的响应速度,且具有直观、维护方便等特点;软件环分往往受到微机运算速度的限制,有时难以满足高速、实时控制的要求。

1. 硬件环形分配器

硬件环形分配器由门电路和双稳态触发器组成的逻辑电路构成。随着元器件的发展,目前,已经有各种专用集成环形分配器芯片可供选用。

(1)集成脉冲分配器

CH250是专为三相反应式步进电动机设计的环形分配器,国内由上海无线电十四厂等厂家生产。这种集成电路采用CMOS工艺,集成度高,可靠性好。它的管脚图及三相六拍工作时的接线图如图3-1-9所示,状态表见表3-1-4。YB013、YB014、YB015、YB016是目前市场上提供的三相,四相,五相,六相式TIL集成脉冲分配器,均为18管脚直插式封装,可供选用。

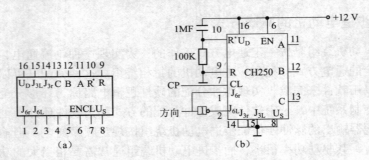

图3-1-9 CH250环形分配器
(a)功管脚图;(b)三相六拍接线图

表3-1-4 CH250状态表

R	R*	CL	EN	J_{3r}	J_{3L}	J_{6r}	J_{6L}	功　能
0	0	↑	1	1	0	0	0	双三拍正转
		↑	1	0	1	0	0	双三拍反转
		↑	1	0	0	0	0	单双六拍正转
		↑	1	0	0	0	1	单双六拍反转
		0	↓	1	0	0	0	双三拍正转
		0	↓	0	1	0	0	双三拍反转
		0	↓	0	0	1	0	单双六拍正转
		0	↓	0	0	0	1	单双六拍反转

续表

R	R*	CL	EN	J_{3r}	J_{3L}	J_{6r}	J_{6L}	功　　能
0	0	↓	1	×	×	×	×	锁定
		×	0	×	×	×	×	
		0	↑	×	×	×	×	
		1	×	×	×	×	×	
1	0	×	×	×	×	×	×	$A=1, B=1, C=0$
0	1	×	×	×	×	×	×	$A=1, B=0, C=0$

目前市场上出售的环形脉冲分配器专用集成电路芯片一般还包括许多其他功能，如斩波控制等。环形脉冲分配器专用集成电路芯片的种类特别多，功能也十分齐全。如用于两相步进电动机斩波控制的1297（1297A）、PMM8713 和用于五相步进电动机的 PMM8714 等。

（2）EPROM 在环形分配器中的应用

步进电动机按类型、相数划分，种类繁多；不同种类，不同相数，不同通电方式的步进电动机都必须有不同的环形分配器，可见所需要的环形分配器品种很多。含有 EPROM 的环形分配器如图 3 - 1 - 10 所示。其基本思想是：结合驱动电源线路按步进电动机励磁状态转换表求出所需的环形分配器输出状态表（输出状态表与状态转换表相对应），以二进制码的形式依次存入 EPROM 中，在线路中只要按照地址的正向或反向顺序依次取出地址的内容，则 EPROM 的输出端即依次表示各励磁状态。一种步进电动机可以有多种励磁方式，状态表也各不相同，可以将存储器地址分为若干区域，每个区域存储一个状态。运行中用 EPROM 的高位地址线选通这些不同的区域，则同样的计数器输出就可以运行不同的状态表。

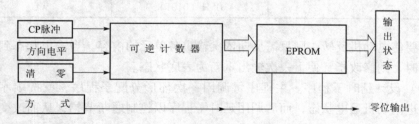

图 3 - 1 - 10　含有 EPROM 的环形分配器

用 EPROM 设计的环形分配器具有以下特点：① 线路简单，仅有可逆计数器和存储器两部分；② 一种线路可实现多种励磁方式的分配，只要在不同的地址区域存储不同的状态表，除软件工作外，硬件线路不变；③ 可彻底排除非法状态；④ 可有多种输入端，便于同控制器接口。

利用逻辑编程门阵列芯片（PAL，GAL）构成的环形分配器具有更简单的结构和更高的性能。

2. 软件环分

一般计算机系统需要进行如下设置：

（1）设置输出端口。设输出口的 A0 接至 U 相；A_1 接至 V 相；A_2 接至 W 相，其简单接口如图 3-1-11 所示。

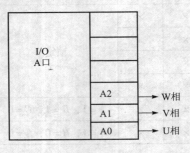

图 3-1-11　I/O 接口图

（2）设计环形分配子程序。为了使步进电动机按照如前所述顺序通电，首先必须在存储器中建立一个环形分配表，存储器各单元中存放对应绕组通电的顺序数值。当运行程序时，依次将环形分配表中的数据，也就是对应存储器单元的内容送到 A 口，使 A0、A1、A2 依次送出脉冲信号，从而使电动机绕组轮流通电。

表 3-1-5 为环形分配表，K 为存储单元基地址。由表 3-1-5 可见，要使电动机正转，只需依次输出表中各单元的内容即可。当输出状态已是表底状态时，则修改地址指针使下一次输出重新为表首状态。

表 3-1-5　环形分配表

存储元件地址	单元内容	对应通电相
K+0	01H（001）	U
K+1	03H（0011）	UV
K+2	02H（0010）	V
K+3	06H（0110）	VW
K+4	04H（0100）	W
K+5	05H（0101）	WU

如要使电动机反转，则只需反向依次输出各单元的内容。当输出状态到达表首状态时，则修改指针使下一次输出重新为表底状态。

（3）设计延时子程序。主程序每调用一次环形分配子程序，就按顺序改变一次步进电动机通电状态，而后调用延时子程序以控制通断节拍，从而改变步进频率。

第三节　步进电动机的驱动电路

步进电动机的驱动电路实际上是一种脉冲放大电路，使脉冲具有一定的功率驱动能力。由于功率放大器的输出直接驱动电动机绕组，因此，功率放大器的性能对步进电动机的运行性能影响很大。对驱动电路要求的核心问题是如何提高步进电动机的快速性和平稳性。步进电动机常用的驱动电路主要有以下几种。

一、单电压限流型驱动电路

如图 3-1-12 所示是步进电动机一相的驱动电路，晶体管 VT 可认为是一个无触点开关，它的理想工作状态应使电流流过绕组的波形尽可能接近矩形波。但由于电感线圈中的电流不能突变，在接通电源后绕组中的电流按指数规律上升，其时间常数 $\tau = L/r$（L 为绕组电感，r 为绕组电阻），须经 3τ 时间后才能达到稳态电流。由于步进电动机绕组本身的电阻很小（r 约小于 1 Ω），所以时间常数 τ 很大，从而严重影响电动机的启动频率。为了减小时间常数 τ，在励磁绕组中串接电阻 R，这样时间常数 $\tau = L/(r+R_C)$ 就大大减小，缩短了绕组中电流上升的过渡过程时间，从而提高了工作速度。

在电阻 R_C 两端并联电容 C，由于电容上的电压不能突变，在绕组由截止到导通的瞬间，电源电压全部降落在绕组上，使电流上升更快，所以，电容 C 又称为加速电容。

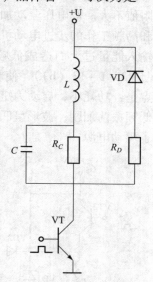

图 3-1-12 单电压驱动电路

二极管 VD 在晶体管 VT 截止时起续流和保护作用，以防止晶体管截止瞬间绕组产生的反电势造成管子击穿，串联电阻 R_D。使电流下降更快，从而使绕组电流波形后沿变陡。

单电压驱动电路的特点是线路简单，成本低，低频时响应较好；缺点是效率低，尤其在高频工作的电机效率更加低，外接电阻的功率消耗大。高频时带载能力迅速下降。单电压驱动由于性能较差，在实际中应用较少，只在小功率步进电动机且在简单应用中才用到。

二、双电压驱动电路

双电压驱动电路习惯上称为高低压切换型电路，其最后一级如图 3-1-13（a）所示。这种电路的特点是电动机绕组主电路中采用高压和低压两种电压供电，一般高压为低压的数倍。其基本思想是：不论电动机工作频率如何，在导通相的前沿用高电压供电来提高电流的前沿上升率，而在前沿过后用低压来维持绕组的电流。若加在 VT1 和 VT2 管基极的电压 U_{b1} 和 U_{b2} 如图 3-1-13（b）所示，则在 $t_1 \sim t_2$ 时间内，VT1 和 VT2 均饱和导通，+80 V 的高电压源经 R_C 加到步进电动机绕组 L_1 上，使其电流迅速上升；当时间到达 t_2（采用定时方式）时，或电流迅速上升到某一数值（采用定流方式）时，U_{b2} 变为低电平，VT2 管截止，电动机绕组上的电流由 +12 V 电源经 VT1 管来维持；此时，电动机绕组电流下降到电动机额定电流。直到 t_3 时，U_{b1} 也为低电平，VT1 管截止，电流下降至零。一般电压 U_{b1} 由脉冲分配器经几级电流放大获得；电压 U_{b2} 由单稳定时或定流装置再经脉冲变压器获得。驱动电路中串联的电阻 R_C，一般按低压进行计算，因此阻值不大。双电压驱动加大了绕组电流的注入量，以提高其功率，适用于大功率和高频工作的步进电动机。但由于高压的冲击作用在低频工作时也存在，使低频输入能量过大而造成低频振荡加剧。同时，高低压衔接处的电流波动呈凹形（见图 3-1-13（b）），使步进电动机输出转矩下降。因此，双电压驱动电路的优点是：功耗小，启动力矩大，突跳频率和工作频率高，高频端出力较大。缺点是低频振荡加剧，波形呈凹形，输出转矩下降；大功率管的数量要多用一倍，增加了驱动电源。

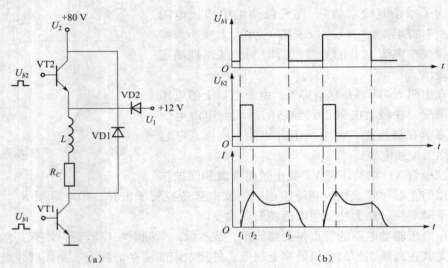

图 3-1-13 双电压驱动电路
(a) 电路图；(b) 波形图

三、斩波驱动电路

斩波电路的出现是为了弥补双电压电路波形呈现凹形的缺陷，改善输出转矩下降，使励磁绕组中的电流维持在额定值附近。其电路图和输出波形图如图 3-1-14 所示。

这种驱动电路结构虽然复杂一些，但由于没有外接电阻，使整个系统的功耗下降很多，相应提高了效率。同时由于驱动电压较高，所以电流上升很快；当到达需要的数值时，由于取样电阻 R_C 的反馈控制作用，绕组电流可以恒定在确定的数值，而且不随电动机的转速而变化，从而保证在很大的频率范围内步进电动

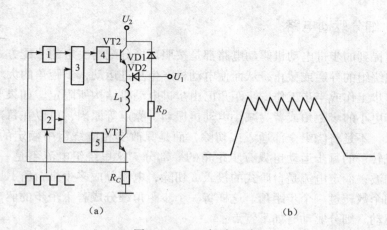

图 3-1-14 斩波驱动
(a) 电路图；(b) 输出波形图
1—整形电路；2—分配器；3—控制门；4—高压前置放大器；5—低压前置放大器

机都能输出恒定的转矩，大大改善了高频响应特性。这种驱动方式的另一优点是减少了电动机共振现象的产生。

斩波驱动又称斩波恒流驱动。它可分为自激式和他激式。如图 3-1-14 所示属自激式，因为其斩波频率是由绕组的电感，比较器的回差等诸多因素决定的，没有外来的固定频率。如果用其他方法形成固定的频率来斩波，称为他激式。

四、升频升压驱动电路

从上述驱动方式可以看出，为了提高驱动系统的高频响应，都是采用提高供电电压，加快电流上升前沿的措施。但是这样做的结果一般都带来低频振动加剧的不良后果。从原理上讲，为了减小低频振动，应使低速时绕组电流上升的前沿较平缓，这样才能使转子在到达新的稳定平衡位置时不产生过冲，而在高速时则应使电流有较陡的前沿，以产生足够的绕组电流，才能提高步进电动机的带载能力。这就要求驱动电源对绕组提供的电压与电动机运行频率建立直接联系，即低频时用较低电压供电，高频时用较高电压供电。升频升压驱动方式可以较好地满足这一要求。升频升压驱动电路如图 3-1-15 所示，电压一般随频率线性地变化。

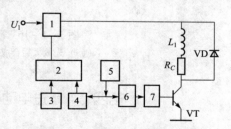

图 3-1-15 升频升压驱动电路
1—电托调粘器；2—比较器；
3—锯齿波发生器；4—积分器；5—多谐振荡器；
6—分配器；7—前置电压放大器

五、细分驱动电路

上述提到的步进电动机驱动电路都是按照环形分配器决定的分配方式控制电动机各相绕组的导通或截止,从而使电动机产生步进运动,步距角的大小只有两种,即整步工作或半步工作。步距角已由步进电动机结构所限定。如果要求步进电动机有更小的步距角或者为减小电动机振动、噪声等原因,可以在每次输入脉冲切换时,不是将绕组全部通入或切除,而是只改变相应绕组中额定的一部分,则电动机转子的每步运动也只有步距角的一部分。这里绕组电流不是一个方波,而是阶梯波;额定电流是台阶式的投入或切除;电流分成多少个台阶,则转子就以同样的个数转过一个步距角。这样将一个步距角细分成若干个步的驱动方法称为细分驱动。细分驱动有如下特点:

(1) 不改动电动机结构参数的情况下,能使步距角减小,但细分后的齿距角精度不高,且驱动电源的结构也相应复杂。

(2) 使步进电动机运行平稳,提高均匀性,并能减弱或消除振荡。

目前实现阶梯波供电的方法有:

(1) 先放大后叠加。这种方法就是将通过细分环形分配器所形成的各个等幅等宽的脉冲,分别进行放大,然后在电动机绕组中叠加起来形成阶梯波,见图 3-1-16(a)。

(2) 先叠加后放大。这种方法利用运算放大器来叠加,或采用公共负载的方法,把方波合成变成阶梯波,然后对阶梯波进行放大再去驱动步进电动机,如图 3-1-16(b)所示。其中的放大器可采用线形放大器或恒波斩波放大器等。

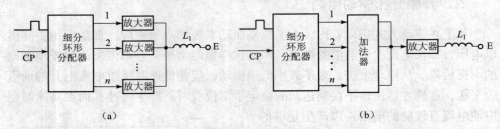

图 3-1-16 阶梯波合成电路图
(a) 先放大后合成;(b) 先合成后放大

第四节 步进电动机的运行特性及使用

一、步进电动机的运行特性及影响因素

1. 矩角特性

矩角特性是反映步进电动机电磁转矩 T 随偏转角 θ 的关系。定子一相绕组通

以直流电后，如果转子上没有负载转矩的作用，转子齿和通电相磁极上的小齿对齐，这个位置称为步进电动机的初始平衡位置。当转子有负载作用时，转子齿就要偏离初始位置，由于磁力线有力图缩短的倾向，从而产生电磁转矩，直到这个转矩与负载转矩相平衡。转子齿偏离初始平衡位置的角度就叫做偏转角 θ（空间角）。若用电角度 θ_e 表示偏转角，则由于定子每相绕组通电循环一周（360°电角度），对应转子在空间转过一个齿距角（$\tau = 360°/z$ 空间角度），故电角度是空间角度的 z 倍，即 $\theta_e = z\theta$。而 $T = f(\theta_e)$ 就是矩角特性曲线。可以证明，此曲线可近似地用一条正弦曲线表示，如图 3-1-17 所示。从图看出，θ_e 达到 $\pm\pi/2$ 时，即在定子齿与转子齿错过 1/4 个齿距时，转矩 T 达到最大值，称为最大静转矩 $T_{s\,max}$。步进电动机的负载转矩必须小于最大静转矩，否则，根本带不动负载。为了能稳定运行，负载转矩一般只能

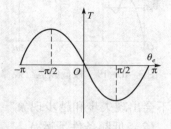

图 3-1-17 步进电动机的矩角特性

是最大静转矩的 30% ~ 50% 左右。因此，这一特性反映了步进电动机带负载的能力，通常在技术数据中都有说明，它是步进电动机的最主要的性能指标之一。

2. 单步运行特性

加一个控制脉冲改变一次通电状态，步进电动机的这种工作状态称为单步运行。

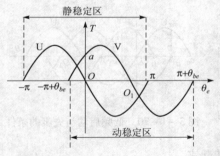

图 3-1-18 步进电动机的稳定区

（1）稳定区。设初始时对应于步进电动机 U 相的矩角特性曲线如图 3-1-18 所示。在外力矩作用下步进电动机转子偏离一角度 θ_e（θ_e 为用电角度表示的定子齿轴线与转子齿轴线之夹角），只要满足 $-\pi < \theta_e < \pi$，当外力矩消失后，在步进电动机自身的电磁力矩作用下转子仍能回到原平衡点 O，将 $-\pi$ 至 π 区间称为步进电动机的静稳定区。若改变步进电动机通电状态，如 V 相通电，矩角特性向前移动一个距角 θ_{be}（电角度）如图 3-1-18 所示的曲线 V，新的平衡点 O_1 对应的新稳定区为 $(-\pi + \theta_{be})$ 至 $(\pi + \theta_{be})$。在改变通电状态前或改变过程中，只要转子的步进角 θ_e 满足 $(-\pi + \theta_{be}) < \theta_e < (\pi + \theta_{be})$，步进电动机转子就可趋向新的平衡点，称区间 $(-\pi + \theta_{be})$ 至 $(\pi + \theta_{be})$ 为动稳定区。

（2）单步运行特性。如图 3-1-18 所示，改变通电状态，由 U 相转为 V 相，矩角特性便从 U 相平衡点 O 跃到 V 相矩角特性的 a 点，转子在正电磁力矩作用下加速地向新平衡点 O_1 转动。

3. 连续脉冲运行特性

(1) 极低频条件下运行

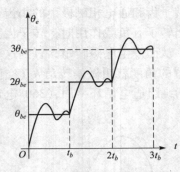

图 3-1-19 极低频运行规律

控制脉冲周期大于转子单步运行振荡的衰减时间，当第二次改变通电状态前（即第二个脉冲到来前），第一次改变通电状态使转子的运行已经结束，所以运行方式与单步运行方式相同，转子的运行特性具有典型的步进特性，如图 3-1-19 所示。在这种条件下，运行的步进电动机多数处于欠阻尼状态，不可避免地产生振荡，但其振幅不会超过步距角 θ_{be}，因此不会出现失步和越步现象。

(2) 低频条件下运行

当控制脉冲的频率为 $1/t_b < f < 4f_0$ 时，转子运行特点是前一个脉冲使转子产生的振荡还没衰减完，第二个脉冲已经到来，转子所处的位置与脉冲频率有关，该位置是第二个脉冲转子的起始位置。现以三相步进电动机为例，对这种运行方式加以讨论。

① 如图 3-1-20 所示，设初始时电动机处于稳定平衡点 O_0。在控制脉冲作用下改变通电状态，V 相绕组通电，矩角特性从 U 跃变到 V，作用转子的电磁力矩为 O_0S。转子加速转动，电磁力矩也随之从 S 点沿箭头方向向 O_1 移动。若在下一次改变通电状态前（即第二个控制脉冲到来前）转子的转角较大，已到达 b 点，当第二次改变通电状态时矩角特性从 V 相的 b 点跃变到 W 相的 c 点，工作点处在动稳定区内，在正电磁力矩 a_2c 作用下，转子在前一拍具有的角速度前提下，转子的角位移在第二拍内比前一拍要大，因此更接近新平衡点，步进电动机便不失步地运转起来。

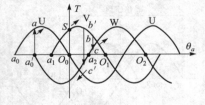

图 3-1-20 低频启动与失步的条件

② 当控制脉冲频率提高，在第二拍脉冲到来时转子角位移较小，移动到 b' 点。当第二次改变通电状态时矩角特性从 V 相的 b' 点跃变到 W 相的 c' 点，工作点处在动稳定区以外，转子在负电磁力矩作用下减速，若转子不能冲过 a_2 点进入动稳定区便回到前一个平衡点 a'_0，在第三拍脉冲到来时，工作点跃到 U 相矩角特性曲线 a 点，在电磁力矩作用下又回到初始位置 O_0 点，这样便失了三步。

(3) 脉冲频率 $f > 4f_0$ 条件下运行

当步进电动机处在高频状态下运行时，在前一个脉冲作用下，转子的振荡尚没到达第一个振荡的最大振幅，第二个脉冲已经过来而又一次改变通电状态。致使步进电动机的运行如同同步电动机连续、平稳地转动，如图 3-1-21 所示。

步进电动机在小于极限启动频率下正常启动后，控制脉冲再缓慢地升高，电动机仍可正常运行（不失步、不越步）。因为缓慢升高脉冲频率，转子加速度很小，转动惯量的影响可以忽略。但此时电动机随运行频率增高，负载能力变差，反映了步进电动机的运行频率特性。

随着脉冲频率的增高，电动机的各种阻尼（如轴杆的摩擦，风阻尼等）的增加，使得转子跟不上矩角特性移动速度，转子位置与平衡点位置之差越来越大，最终超出稳定区而失步。这也是最大运行频率不能继续提高的原因之一。

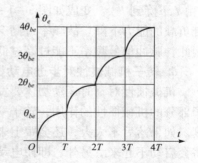

图 3-1-21　高频运行转子运动规律

4. 加减速特性

描述了步进电动机由静止到工作频率或由工作频率到静止的加减速过程中，励磁绕组通电状态的变化频率 f 与时间 t 的关系。当要求步进电动机启动到大于启动频率的工作频率 f 时，速度必须上升；当从最高工作频率 f_{max} 或高于启动频率的工作频率 f 停止时，速度必须下降；步进电动机的加减速特性如图 3-1-22 所示。步进电动机在启停和调速过程中，其加减速的时间常数 τ_a 和 τ_b 不能过小，否则会出现失步或越步，使用中应加以注意。

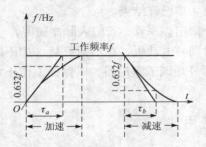

图 3-1-22　步进电动机加减速特性

5. 脉冲信号频率对步进电动机运行的影响

当脉冲信号频率很低时，控制脉冲以矩形波输入，电流波形比较接近于理想的矩形波，如图 3-1-23（a）所示。如果脉冲信号频率增高，由于电动机绕组的电感有阻止电流变化的作用，因此电流波形发生畸变，变成图 3-1-23（b）所示波形。在开始通电瞬间，由于电流不能突变，其值不能立即升起，故使转矩下降，使启动转矩减小，有可能启动不起来。在断电的瞬间，电流也不能迅速下降，而产生反转矩致使电动机不能正常工作。如果脉冲频率很高，则电流还来不及上升到稳定值 I 就开始下降，于是，电流的幅值降低

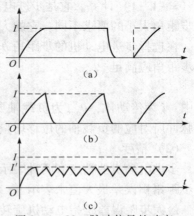

图 3-1-23　脉冲信号的畸变
(a) 频率很低时波形；(b) 频率增高时波形；
(c) 频率很高时波形

（由 I 下降到 I'），变成如图 3-1-23（c）所示波形。因而产生的转矩减小致使带负载的能力下降。故频率过高会使步进电动机启动不了或运行时失步而停机。因此，脉冲信号频率不能过高过低，要有一定的限制。

6. 转子机械惯性对步进电动机运行的影响

机械惯性对瞬时运动物体要发生作用，当步进电动机从静止到起步，由于转子部分的机械惯性的作用，转子一下子转不起来，因此，要落后于它应转过的角度。如果落后不太大，还会跟上来；如果落后太多，或者脉冲频率过高，电动机将会启动不起来。另外，即使电动机在运转，也不是每一步都迅速地停留在相当的位置，而是受机械惯性的作用，要经过几次振荡才停下来；如果这种情况严重，就可能引起失步。因此，步进电动机都采用阻尼方法，以消除（或减缓）步进电动机的振荡。

7. 步进运行和低频振荡

当控制脉冲的时间间隔大于步进电动机的过渡过程时，电动机呈步进运行状态，即输入脉冲频率较低，在第二步走之前第一步已经结束。

步进电动机在运行中存在振荡，它有一个固定频率 f_1，若输入脉冲频率 $f=f_1$ 时就要产生共振，使步进电动机振荡不前。对同一电动机，在不同负载（如不同机床）情况下，其共振区是不同的，必要时可外加调节阻尼器，以保证工作正常进行。

二、步进电动机的主要性能指标和应用

1. 步进电动机的主要性能指标

（1）步距角 θ_b

步距角是指每给一个电脉冲信号，电动机转子所应转过角度的理论值，可由式（3-1-1）计算。它是步进电动机的主要性能指标之一。不同的应用场合，对步距角大小的要求不同。它的大小直接影响步进电动机的启动和运行频率。因此，在选择步进电动机的步距角 θ_b 时，若通电方式和系统的传动比已初步确定，则步距角应满足

$$\theta_b \leqslant i\theta_{\min} \qquad (3-1-3)$$

式中　i 为传动比；$\theta_{\min}$ 为负载轴要求的最小位移增量（或称脉冲当量，即每一个脉冲所对应的负载轴的位移增量）。

（2）精度

步进电动机的精度有两种表示方法：一种用步距误差最大值来表示；另一种用步距累积误差最大值来表示。

最大步距误差是指电动机旋转一周内相邻两步之间最大步距和理想步距角的差值，用理想步距的百分数表示。

最大累积误差是指任意位置开始经过任意步之后，角位移误差的最大值。

步距误差和累积误差是两个概念,在数值上也就不一样,这就是说精度的定义没有完全统一起来,从使用的角度看,对大多数情况来说,用累积误差来衡量精度比较方便。

对于所选用的步进电动机,其步距精度为

$$\Delta\theta = i(\Delta\theta_L)$$

式中 $\Delta\theta_L$ 为负载轴上所允许的角度误差。

(3) 转矩

① 保持转矩(或定位转矩)是指绕组不通电时电磁转矩的最大值或转角不超过一定值时的转矩值。通常反应式步进电动机的保持转矩为零,而若干类型的永磁式步进电动机具有一定的保持转矩。

② 静转矩是指不改变控制绕组通电状态,即转子不转情况下的电磁转矩。它是绕组内的电流及失调角(转子偏离空载时的初始稳定平衡位置的电角度)的函数。当绕组内的电流值不变时,静转矩与失调角的关系称为矩角特性。

负载转矩 T_L 与最大静转矩的关系为

$$T_L = (0.3 \sim 0.5) T_{smax}$$

为保证步进电动机在系统中正常工作,还必须满足:

$$T_{st} > T_{Lmax}$$

式中 T_{st} 为步进电动机启动转矩;T_{Lmax} 为步进电动机最大静负载转矩。

通常取

$$T_{st} = T_{Lmax} / (0.3 \sim 0.5)$$

以便有相当的力矩储备。

③ 动转矩是指转子转动情况下的最大输出转矩值,它与运行的频率有关。

(4) 响应频率

在某一频率范围,步进电动机可以任意运行而不丢失一步,则这一最大频率称为响应频率。通常用启动频率 f_{st} 来作为衡量的指标,它是能不丢步地启动的极限频率,有时也叫做突跳频率或牵入频率。对于一定的步进电动机及驱动器,启动频率的值与负载的大小有关,负载的大小包含负载转矩和负载转动惯量两个方面的意义。技术参数中常给出空载启动频率 f_{0st} 它随负载的增加而显著下降,选用时应注意这一点。

(5) 运行频率

运行频率是指频率连续上升时,电动机能不失步运行的极限频率。它的值也与负载的大小有关。在相同负载情况下,连续频率的值远大于响应频率或启动频率 f_{0st}。

(6) 启动矩频特性

在给定的驱动条件下,负载惯量一定时,启动频率与负载转矩之间的关系称为启动矩频特性。

(7) 启动惯频特性

负载力矩一定时,启动频率与负载惯量之间的关系称为启动惯频特性或牵入惯频特性。

(8) 运行矩频特性

在负载惯量不变时,运行频率与负载转矩之间的关系称为运行矩频特性。

上述各项是步进电动机驱动系统的综合指标,是生产厂家产品出厂时应提供的。这些指标既反映出步进电动机性能的优劣,又是步进电动机驱动系统选用和静动态特性计算的重要依据。

2. 步进电动机的应用

合理应用步进电动机是比较复杂的问题,需要根据步进电动机在整个系统中的实际工作情况,经过分析计算后才能正确使用。现仅就应用步进电动机最基本的原则介绍如下:

(1) 为使步进电动机正常运行(不失步,不越步)、正常启动并满足对转速的要求,必须保证步进电动机的输出转矩大于负载所需的转矩。所以应计算机械系统的负载转矩,并使所选电动机的输出转矩有一定的余量,以保证可靠运行。故必须考虑:

- 启动转矩应选择为:$T_{st} \geq T_{Smax} / (0.3 \sim 0.5)$。根据步进电动机相数、拍数,启动转矩选择列于表3-1-6。表中:T_{Smax} 为步进电动机的最大静转矩,是步进电动机技术数据中给出的参数。

表3-1-6 步进电动机启动转矩选择表

运行方式	相数	3	3	4	4	5	5	6	6
	拍数	3	6	4	8	5	10	6	12
	T_{st}/T_{Smax}	0.5	0.866	0.707	0.707	0.809	0.951	0.866	0.866

- 在要求的运行范围内,电动机运行转矩应大于电动机的静载转矩与电动机转动惯量(包括负载的转动惯量)引起的惯性矩之和。

(2) 其次应使步进电动机的步矩角 θ_b 与机械负载相匹配,以得到步进电动机所驱动部件需要的脉冲当量,步矩角应满足 $\theta_b \leq i\theta_{min}$;步进电动机一周内最大的步矩角积累误差应满足其精度的要求 $\Delta\theta \leq i(\Delta\theta_L)$。

(3) 最后使被选电动机能与机械系统的负载惯量及所要求的启动频率相匹配并留有一定余量,还应使其最高工作频率能满足机械系统移动部件加速移动的要求。

(4) 驱动电源的优劣对步进电动机控制系统的运行影响极大,使用时要特别注意,需根据运行要求,尽量采用先进的驱动电源,以满足步进电动机的运行性能。

(5) 若所带负载转动惯量较大，则应在低频下启动，然后再上升到工作频率；停车时也应从工作频率下降到适当频率再停车；在工作过程中，应尽量避免由于负载突变而引起的误差。

(6) 若在工作中发生失步现象，首先应检查负载是否过大，电源电压是否正常，再检查驱动电源输出波形是否正常，在处理问题时不应随意变换元件。

(7) 在应用步进电动机中，选用步进电动机的关键参数还有传动比i，合理选择传动比是正确应用步进电动机的前提，也必须给予重视。

思考与练习

1. 通过分析步进电动机的工作原理和通电方式，可以得出什么结论？
2. 实用中的步进电动机为什么采用小步距角？步距角如何确定？
3. 步进电动机按工作原理分类有哪几种？各有什么特点？
4. 步进电动机环形分配器由什么确定？如何进行设计？
5. 如何修改环形分配器子程序，以实现步进电动机的反向运行？
6. 步进电动机对驱动电路要求的核心问题是什么？常用驱动电路有哪些类型？各有什么特点？
7. 步进电动机的运行特性与输入脉冲频率有什么关系？影响步进电动机运行特性的因素有哪些？使用中如何克服？
8. 步进电动机步距角的含义是什么？一台步进电动机可以有两个步距角，例如 3°/1.5°，这是什么意思？什么是单三拍、双三拍、单双六拍、五相十拍？
9. 步进电动机主要性能指标有哪些？了解性能指标有什么实际作用？
10. 平均转速和脉冲频率的关系怎样？为什么特别强调是平均转速？
11. 使用步进电动机应注意哪些主要问题？
12. 步距角小，最大静转矩大的步进电动机，为什么启动频率比运行频率高？最大静力矩特性是怎样的特性？由什么因素造成？
13. 负载转矩和转动惯量对步进电动机的启动频率和运行频率有什么影响？

❈ 任务二 步进电机控制 ❈

● 任务描述

脉冲发生器所产生的电脉冲信号，通过环形分配器按一定的顺序加到电动机的各相绕组上。

步进电动机的工作过程一般由控制器控制，控制器按照设计者的要求完成一定的控制过程，使驱动电源按照要求的规律驱动电动机运行。简单的控制过程可以用各种逻辑电路来实现，但其缺点是线路复杂，控制方案改变困难；自从微处理器问世以来，给步进电动机控制器设计开辟了新的途径。各种单片机的迅猛发展和普及应用，为设计功能很强而价格低廉的步进电动机控制器提供了先进的技术。

本任务从应用的角度在介绍步进电动机的基本结构、工作原理、主要技术指标、运行特性和影响因素、环形分配器方式和功率驱动电路的基础上，进行开环和闭环控制方案以及驱动系统设计举例与传动控制应用实例。通过学习力图使读者能对步进电动机传动控制有个深刻和全面的了解与认识，能设计出一个实用完善的步进电动机传动控制系统。

● **方法与步骤**

在了解常用控制方法和控制特征基础上，进行开环和闭环控制电路的学习，最后进行使用举例分析。

● **相关知识与技能**

第一节 步进电动机的控制

一、步进电动机的开环控制方式

使用微机对步进电动机进行控制有串行和并行两种方式。

1. 串行控制

具有串行控制功能的单片机系统与步进电动机驱动电源之间具有较少的连线。这种系统中，驱动电源中必须含有环形分配器。这种控制方式的功能框图如图3-2-1所示。

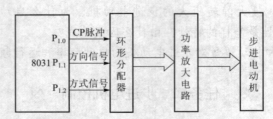

图3-2-1 串行控制功能框图

2. 并行控制

用微机系统的数条端口线直接去控制步进电动机各相驱动电路的方法称为并行控制。在电动机驱动电源内，不包括环形分配器，而其功能必须由微机系统完成。由系统实现脉冲分配器的功能又有两种方法：一种是纯软件方法，即完全用编程来实现相序的分配，直接输出各相导通或截止的控制信号，主要有寄存器移位法和查表法；第二种是软、硬件相结合的方法，有专门设计的编程器接口，计算机向接口输出简单形式的代码数据，而接口输出的是步进电动机各相导通或截止的控制信号。并行控制方案的功能框图如图3-2-2所示。

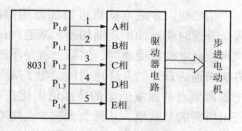

图3-2-2 并行控制功能框图

3. 步进电动机速度控制

控制步进电动机的运行速度，实际上就是控制系统发出脉冲的频率或者换相的周期。系统可用两种方法来确定脉冲的周期：一种是软件延时，另一种是用定时器。软件延时的方法是通过调用延时子程序的方法实现的，它占用CPU时间；定时器方法是通过设置定时时间常数的方法来实现的。

4. 步进电动机的加减速控制

对于步进电动机的点—位控制系统，从起点至终点的运行速度都有一定要求。如果要求运行的速度小于系统极限启动频率，则系统可以按要求的速度直接启动，运行至终点后可直接停发脉冲串而令其停止。系统在这样的运行方式下速度可认为是恒定的。但在一般的情况下，系统的极限启动频率是比较低的，而要求的运行速度往往很高。如果系统以要求的速度直接启动，因为该速度已经超过极限启动频率而不能正常启动，可能发生丢步或根本不运行的情况。系统运行起来之后，如果到达终点时突然停发脉冲串，令其立即停止，则因为系统的惯性原因，会发生冲过终点的现象，使点—位控制发生偏差。因此在点—位控制过程中，运行速度都需要有一个"加速—恒速—减速—低恒速—停止"的加减速过程，如图3-2-3所示。各种系统在工作过程中，都要求加减速过程时间尽量短，而恒速时间尽量长。

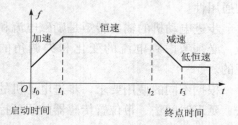

图3-2-3 点—位控制的加减法过程

特别是在要求快速响应的工作中，从起点至终点运行的时间要求最短，这就必须要求加速、减速的过程最短，而恒速时的速度最高。

升速规律一般可有两种选择：一是按照直线规律升速；二是按指数规律升速。按直线规律升速时加速度为恒定，因此要求步进电动机产生的转矩为恒值。从电动机本身的矩频特性来看，在转速不是很高的范围内，输出的转矩将有所下降，如按指数规律升速，加速度是逐渐下降的，接近电动机输出转矩随转速变化的规律。

用微机对步进电动机进行加减速控制，实际上就是改变输出脉冲的时间间隔。升速时使脉冲串逐渐加密，减速时使脉冲串逐渐稀疏。微机用定时器中断方式来控制电动机变速时，实际上就是不断改变定时器装载值的大小。一般用离散方法来逼近理想的升降速曲线。为了减少每步计算装载值的时间，系统设计时就把各离散点的速度所需的装载值固化在系统的 ROM 中，系统运行中用查表方法查出所需的装载值，从而大大减少占用 CPU 的时间，提高系统响应速度。

系统在执行升降速的控制过程中，对加减速的控制还需准备下列数据：① 加减速的斜率；② 升速过程的总步数；③ 恒速运行总步数；④ 减速运行的总步数。

对升降速过程的控制有很多种方法，软件编程也十分灵活，技巧很多。此外，利用模拟/数字集成电路也可实现升降速控制，但缺点是实现起来较复杂且不灵活。

二、步进电动机的闭环控制

开环控制的步进电动机驱动系统，其输入的脉冲不依赖于转子的位置，而是事先按一定的规律给定的。缺点是电动机的输出转矩加速度在很大的程度上取决于驱动电源和控制方式。对于不同的电动机或者同一种电动机而不同的负载，很难找到通用的加减速规律，因此使提高步进电动机的性能指标受到限制。

闭环控制是直接或间接地检测转子的位置和速度，然后通过反馈和适当的处理，自动给出驱动的脉冲串。采用闭环控制，不仅可以获得更加精确的位置控制和高得多、平稳得多的转速，而且可以在步进电动机的许多其他领域内获得更大的通用性。

步进电动机的输出转矩是励磁电流和失调角的函数。为了获得较高的输出转矩，必须考虑到电流的变化和失调角的大小，这对于开环控制来说是很难实现的。

根据不同的使用要求，步进电动机的闭环控制也有不同的方案。主要有核步法、延迟时间法、带位置传感器的闭环控制系统等。

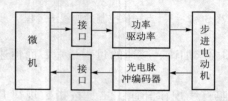

图 3-2-4 步进电动机闭环控制功能框图

采用光电脉冲编码器作为位置检测元件的闭环控制功能框图如图 3-2-4 所示。其中编码器的分辨率必须与步进电动机的步矩角相匹配。该系统不同于通常控制技术中的闭环控制，步进电动机由微机发出的一个初始脉冲启动，后续控制脉冲由编码器产生。

编码器直接反映切换角这一参数。然而编码器相对于电动机的位置是固定的。因此发出相切换的信号也是一定的，只能是一种固定的切换角数值。采用时间延迟的方法可获得不同的转速。在闭环控制系统中，为了扩大切换角的范围，有时还要插入或删去切换脉冲。通常在加速时要插入脉冲，而在减速时要删除脉冲，从而实现电动机的加速和减速控制。

在固定切换角的情况下，如负载增加，则电动机转速将下降。要实现匀速控制可利用编码器测出电动机的实际转速（编码器两次发出脉冲信号的时间间隔），以此作为反馈信号不断的调节切换角，从而补偿由负载所引起的转速变化。

第二节　步进电动机驱动系统设计举例及传动控制应用实例

步进电动机传动控制在数控立式铣床中的应用实例。

在进给伺服系统中，步进电动机需要完成两项任务：一是传递转矩，它应克服机床工作台与导轨间的摩擦力及切削阻力等负载转矩，通过滚珠丝杠带动工作台，按指令要求快速进退或切削加工；二是传递信息，即根据指令要求精确定位，接收一个脉冲，步进电动机就转过一个固定的角度，经过传动机构驱动工作台，使之按规定方向移动一个脉冲当量的距离。因此指令脉冲总数也就决定了机床的总位移量，而指令脉冲频率决定了工作台的移动速度。

每台步进电动机可驱动一个坐标的伺服机构，利用两个或三个坐标轴联动就能加工出一定的几何形状来。如图3-2-5所示为数控铣床工作原理框图。在这种开环数控机床中，由于计算机的速度和精度都很高，完全能满足数控机床高速度、高精度的要求；因而数控机床的精度好坏和速度快慢等完全取决于步进电动机的伺服系统性能。只要步进电动机伺服系统的选择及应用得当，可以满足一般数控铣床速度和精度的要求。下面介绍步进电动机伺服系统在XK5040数控立式升降台铣床中的应用实例。

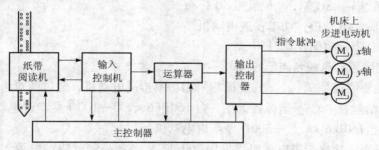

图3-2-5　数控铣床工作原理框图

1. 机床的功能及主要参数

XK5040数控立式铣床，适用于加工各种复杂曲线的凸轮、样板、靠模、弧形槽等平面或立体零件。

（1）机床主要参数

工作台尺寸（长×宽）：1 600 mm×400 mm

工作行程：纵向（x坐标）900 mm

横向（y坐标）400 mm

垂向（z坐标）300 mm

主轴速度：400~200 r/min，18级

工作台进给速度：10~1 200 mm/min

快速进给速度：1 200 mm/min

定位精度：x、y坐标 0.02/300 mm

z坐标 0.03/300 mm

系统精度：x、y坐标 ±0.01 mm

z坐标 ±0.015 mm

加工精度及表面粗糙度：±0.05 mm，$Ra \leq 2.5\ \mu m$

（2）数控部分主要参数

伺服控制方式：开环

控制坐标数：三坐标（联动）

插补原理及方式：逐步比较法直线及圆弧插补

数字记忆方式：增量法

脉冲当量：0.005 mm/步

最大指令值：圆弧 2 500 mm/程序数

直线 5 000 mm/程序数

刀具位置补偿装置：刀具半径范围 0~50 mm

反向间隙补偿：0~0.075 mm

输入代码：ISO制，8位纸带 50行/s

伺服驱动电动机：功率步进电动机

自动升降频时间：$\tau = 130$ ms

2. 伺服驱动系统特点

① 主要特点是x、y、z三坐标均采用功率步进电动机，经过两对齿轮减速直接驱动进给丝杠。x、y坐标各选用一台 160BF6×1.5—100D 型步进电动机；z坐标选用一台 160Bf6×1.5—300D 型步进电动机。

② 三坐标功率步进电动机均采用 300/12 V 高频晶闸管驱动电源，通电方式为三相六拍。该驱动电源采用单脉冲定能量驱动，切换能力强，重复工作频率高，并有较好的启动性能和带负载能力。

③ 数控铣床在自动升降频过程中，可以切削加工。为了保证刀具移动的实际轨迹与指令一致，必须使联动各坐标的升降频时间严格相等。一般均采用数字式升降频电路。本例采用了固定时间常数的指令型升降频电路。系统电路图从略。

3. 应用效果

① 机床进给系统采用功率步进电动机开环驱动，达到厂设计标准。经过实测，加工的 ϕ100 mm 圆度公差在 0.04 mm 以内，加反向间隙补偿后可控制在 0.02~0.03 mm 范围内。表面粗糙度 $Ra \leqslant 2.5$ μm。

② 采用了手动快速和 τ = 130 ms 的自动升降频电路，切削进给速度可达 1.2 m/min；快速进给速度可达 2 m/min，达到了数控铣床速度要求。

 思考与练习

1. 步进电动机开环控制和闭环控制各有什么特点？各有哪些应用？
2. 通过本章内容的学习，你对步进电动机传动控制有哪些了解和认识？能否设计出一个实用、完善的步进电动机传动控制系统？

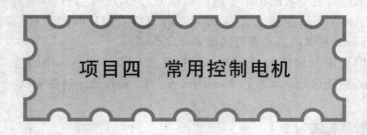

项目四　常用控制电机

● **任务描述**

随着自动控制系统和计算装置的不断发展，在普通旋转电机的基础上产生出多种具有特殊性能的小功率电机，它们在自动控制系统和计算装置中作为执行元件、检测元件和解算元件，这类电机统称为控制电机。控制电机和普通旋转电机从基本的电磁感应原理来说，并没有本质上的区别，但由于其使用场合不同，用途不一样，对其性能指标要求也不一样。普通旋转电机主要用于电力拖动系统中，用来完成机电能量的转换，着重于启动和运转状态能力指标的要求。而控制电机主要用于自动控制系统和计算装置中，着重于特性的精度和对控制信号的快速响应等。

控制电机输出功率较小，一般从数百毫瓦到数百瓦，但在大功率的自动控制系统中，控制电机的输出功率可达数十千瓦。

控制电机已成为现代工业自动化系统、现代科学技术和现代军事装备中必不可少的重要设备。它的使用范围非常广泛，如机床加工过程的自动控制和自动显示，阀门的遥控，火炮和雷达的自动定位，舰船方向舵的自动操纵，飞机的自动驾驶，遥远目标位置的显示，以及电子计算机、自动记录仪表、医疗设备、录音、录像、摄影等方面的自动控制系统等。本项目仅讨论机械工业常用的执行用控制电动机，即交、直流伺服电动机和步进电机，以及测速用控制电机，即交、直流测速发电机。

● **方法与步骤**

控制电机从工作原理方面与普通电机相同。从控制电机应用场合和性能指标与普通电机不同上进行分析和学习是有帮助的。

● 知识与技能

任务一 伺服电动机

伺服电动机又称为执行电动机,在自动控制系统中作为执行元件。它将输入的电压信号转换成转矩或速度输出,以驱动控制对象。输入的电压信号称为控制信号或控制电压,改变控制电压的极性和大小,便可改变伺服电动机的转向和转速。

按伺服电动机使用电源性质不同,可分为直流伺服电动机和交流伺服电动机。

一、直流伺服电动机

直流伺服电动机就是一台微型他励直流电动机,其结构与工作原理与他励直流电动机相同。按励磁方式的不同可分为他励式和永磁式两种。

工程中采用直流电压信号控制伺服电动机的转速和转向,其控制方式有电枢控制和磁场控制。前者是通过改变电枢电压的大小和方向来达到改变伺服电动机的转速和转向;后者是通过改变励磁电压大小和方向来改变伺服电动机的转速和转向。后者只适用于他励式直流伺服电动机,且控制性能不如前者,因此工程中多采用电枢控制。

电枢控制直流伺服电动机接线图如图 4-1 所示。伺服电动机励磁绕组接于恒压直流电源 U_f 上,流过恒定励磁电流 I_f,产生恒定磁通 Φ,将控制电压 U_C 加在电枢绕组上来控制电枢电流 I_C,进而控制电磁转矩 T,实现对电动机转速的控制。

采用电枢控制时,直流伺服电动机机械特性与他励直流电动机改变电枢电压时的人为机械特性相似,其机械特性方程为

$$n = \frac{U_C}{C_e \Phi} - \frac{R_a}{C_e C_T \Phi^2} T \qquad (4-1)$$

当 U_C 为不同值时,机械特性为一族平行直线,如图 4-2 所示(图中的 n 和 T 分别是转速 n 和电磁转矩的相对值)。在 U_C 一定情况下,T 越大时转速 n 越低。在负载转矩一定,磁通不变时,控制电压 U_C 高,转速也高,转速的增加与控制电压的增加成比;当 $U_C=0$ 时,$n=0$,电动机停转,要改变直流伺服电动机转向,可改变控制电压 U_C 的极性。所以直流伺服电动机具有可控性。

直流伺服电动机在使用时应先接通励磁电源,等待控制信号。一旦控制信号一出现,电动机马上启动,快速进入运行状态;当信号消失,电动机马上停转。所以在工作过程中,一定要防止励磁绕组断电,以防电动机因超速而损坏。

常用的有 SZ 系列直流伺服电动机。

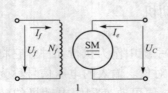

图 4-1 电枢控制式直流伺服电动机原理图

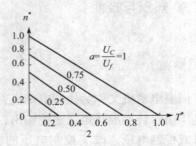

图 4-2 直流伺服电动机 U_f 为常数时的机械特性

二、交流伺服电动机

1. 结构

交流伺服电动机结构类似单相异步电动机，在定子铁芯槽内嵌放两相绕组，一个是励磁绕组 N_f，由给定的交流电压 U_f 励磁；另一个是控制绕组 N_C，输入交流控制电压 U_C。两相绕组在空间相差 90°电角度。常用的转子有两种结构，一种为笼型转子，但为减小转子转动惯量而做成细而长。转子导条和端环采用高阻值材料或采用铸铝转子，如图 4-3（a）所示。另一种是用铝合金或紫铜等非磁性材料制成的空心杯转子。空心杯转子交流伺服电动机还有一个内定子，内定子上不装绕组，仅作为磁路的一部分，相当于笼型转子的铁芯，杯形转子装在内外定子之间的转轴上，可在内外定子之间的气隙中自由旋转，如图 4-3（b）所示。

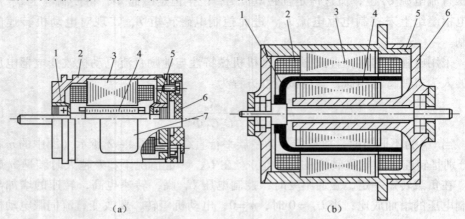

（a）　　　　　　　　（b）

图 4-3 交流伺服电动机结构示意图
（a）笼型转子；（b）杯形转子
1、5—轴承；2—机壳；3—定子；4—转子；6—接线板；7—铭牌
1—杯形转子；2—定子绕组；3—外定子；4—内定子；5—机壳；6—端盖

2. 工作原理

交流伺服电动机的工作原理与具有启动绕组的单相异步电动机相似。在励磁绕组 N_f 中串入电容 C 进行移相，使励磁电流 I_f 与控制绕组 N_C 中的电流 I_C 在相位上近似相差 90°电角度，如图 4-4 所示。它们产生的磁通 Φ_f 与 Φ_C 在相位上也近似相差 90°电角度，于是在空间产生一个两相旋转磁场。在旋转磁场作用下，在笼型转子的导条中或杯形转子的杯形筒壁中产生感应电动势与感应电流，该转子电流与旋转磁场相互作用产生电

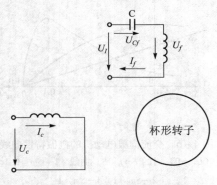

图 4-4 交流伺服电动机原理图

磁转矩，从而使转子转动起来。但一旦控制电压取消，仅有励磁电压作用时，若伺服电动机仍按原转动方向旋转，且呈现"自转"现象。"自转"是不符合交流伺服电动机可控性要求的。为了防止"自转"现象的发生，必须增大转子电阻。

从单相异步电动机的工作原理可知，在单个绕组通入交流电流产生的单相脉动磁场可分为两个大小相等、方向相反的旋转磁场，正向旋转磁场对转子产生拖动转矩 $T+$，反向旋转磁场对转子产生制动转矩 $T-$。图 4-5 画出了转子电阻值不同且控制电压 $U_C = 0$ 时的正向转矩、反向转矩以及合成转矩 T 的机械特性曲线。其中图 4-5（a）为电动机转子电阻值大小与一般单相异步电动机相同时的 $T = f(s)$ 曲线，出现最大转矩时的转差率 $Sm = 0.2$。此时控制电压消失，电动机仍沿着转子原转动方向继续转动。图 4-5（b）是把交流伺服电动机的转子电阻增大到 R'_2 的 $T = f(s)$ 曲线，此时 $Sm = 0.5$。若负载转矩小于最大电磁转矩，即 $T_L < T_m$，在控制电压消失时，电动机仍沿转子转动方向转动。图 4-5（c）是电动机转子电阻增大到 R''_2，使 $R''_2 > R'_2 > R_2$，此时 $Sm = 1$，其合成转矩 T 在电动机工作状态时成为负值，即当控制电压消失后，处于单相运行状态的电动机由于电磁转矩为制动性质，使电动机迅速停下来。由此可知，交流伺服电动机在制造时，适当加大转子电阻，使 $T = f(s)$ 曲线中 $Sm \geq 1$，便可克服交流伺服电动机的"自转"现象。增大转子电阻不仅可克服"自转"现象，还可改善交流伺服电动机的其他性能。

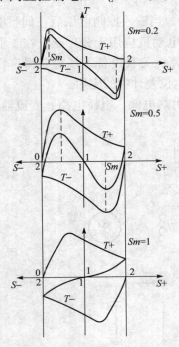

图 4-5 交流伺服电动机单相运行

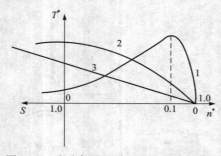

图 4-6 交流伺服电动机的机械特性曲线
（$U_C = 0$）时的 $T = f(S)$ 曲线　1—$Sm = 0.1$
2—$Sm = 1$　3—$Sm \geq 1$

图 4-6 为交流伺服电动机的机械特性曲线。图中曲线 1 为一般异步电动机的机械特性，其临界转差率 $Sm = 0.1 \sim 0.2$，其稳定运行区 $S = 0 \sim 0.1$，所以电动机的调速范围很小。如果增大转子电阻，使其 $Sm \geq 1$ 这样电动机的机械特性曲线成为如图中曲线 2、3 所示，即机械特性更近于线性关系，电动机的转子转速由零到同步转速的全部范围均能稳定运行，从而扩大了调速范围和机械特性线性化。

3. 控制方式

交流伺服电动机运行时，控制绕组上所加的控制电压 U_C 是变化的，改变其大小或者改变 U_C 与励磁电压 U_f 之间的相位角，都能使电动机气隙中的旋转磁场发生变化，从而影响电磁转矩。当负载转矩一定时，可以通过调节控制电压的大小或相位来改变电动机转速或转向。其控制方式有幅值控制、相位控制和幅值—相位控制三种，在此不做介绍。

三、伺服电动机的应用

伺服电动机在自动控制系统中，作为执行元件，当输入控制电压后，伺服电动机能按照控制信号的要求驱动工作机械。伺服电动机应用十分广泛，在工业机器人、机床、各种测量仪器、办公设备以及计算机关联设备等场合获得广泛应用。下面介绍交流伺服电动机在测温仪表电子电位差计中的应用。

图 4-7 为电子电位差计原理图。该系统主要由热电偶、电桥电路、变流器、电子放大器与交流伺服电动机等组成。

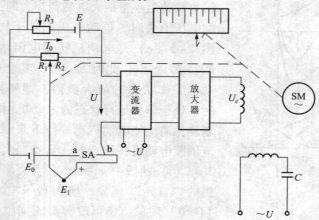

图 4-7 电子电位差计原理图

在测温前,将开关 SA 扳向 a 位,将电动势为 E_0 的标准电池接入;然后调节 R_3,使 $I_0(R_1+R_2)=E_0$,$\Delta U=0$,此时的电流 I_0 为标准值。在测温时,要保持 I_0 为恒定的标准值。

在测量温度时,将开关 SA 扳向 b 位,将热电偶接入。热电偶将被测的温度转换成热电动势 E_t,而电桥电路中电阻 R_2 上的电压 I_0R_2 是用以平衡 E_t 的,当两者不相等时将产生不平衡电压 ΔU。而 ΔU 经过变流器变换为交流电压,再经过电子放大器放大,用以驱动伺服电动机 SM。电动机经减速后带动测温仪指针偏转,同时驱动滑线电阻器的滑动端移动。当滑线电阻器 R_2 达到一定值时,电桥达到平衡,伺服电动机停转,指针停留在一个转角 α 处。由于测温仪的指针被伺服电动机所驱动,而偏转角度 α 与被测温度之间存在着对应的关系,因此,可从测温仪刻度盘上直接读得被测温度的值。

当被测温度上升或下降时,ΔU 的极性不同,即控制电压的相位不同,从而使得伺服电动机正向或反向运转,电桥电路重新达到平衡,测得相应的温度。

任务二 测速发电机

测速发电机是一种测速装置,它将输入的机械转速转换为电压信号输出。这就要求测速发电机的输出电压与转速成正比,且对转速的变化反应灵敏。按照测速发电机输出信号的不同,可分为直流和交流两大类。这里介绍直流测速发电机的工作过程。

直流测速发电机是一种微型直流发电机,其定子和转子结构与直流发电机基本相同,按励磁方式可分为他励式和永磁式两种,其中以永磁式直流测速发电机应用最为广泛。

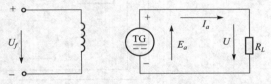

图 4-8 直流测速发电机的工作原理图

直流测速发电机工作原理图如图 4-8 所示。在恒定磁场 Φ_0 中,当发电机以转速 n 旋转时,发电机空载电动势为

$$E_0 = C_e \Phi_0 n \tag{4-2}$$

可见空载运行时,直流测速发电机空载电动势与转速成正比,电动势的极性与转动方向有关。空载时直流测速发电机输出电压 $U_0 = E_0$,因此空载输出电压与转速也成正比。

当负载电阻为 R_L 时,其输出电压 U 为

$$U = E_0 - IR_0 \tag{4-3}$$

而 $I = U/R_L$

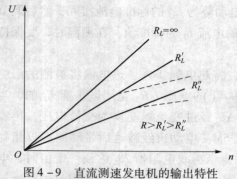

图 4-9 直流测速发电机的输出特性

则可以导出 $U = kn$ (4-4)

可见，直流测速发电机输出电压 U 与转速 n 仍成正比。只不过对于不同的负载电阻 R_L，测速发电机的输出特性的斜率有所不同，它随负载电阻 R_L 的减小而降低，如图 4-9 所示。使用时 R_L 尽可能取大些。在直流测速发电机技术数据中给出了"最小负载电阻和最高转速"，以确保控制系统的精度。

测速发电机的应用

图 4-10 为直流测速发电机在恒速控制系统中的应用原理图。图中直流伺服电动机 SM 拖动旋转的机械负载。要求当负载转矩变动时，系统转速不变。若采用直流伺服电动机拖动机械负载，由于直流伺服电动机转速是随负载转矩的大小而变化的，不能达到负载转速恒定的要求。为此，与伺服电动机同轴连接一台直流测速发电机，并将直流测速发电机 TG 的输出电压送入系统的输入端，称为反馈电压 U_f，且 U_f 与给定电压 U_g 反向连接，成为负反馈。

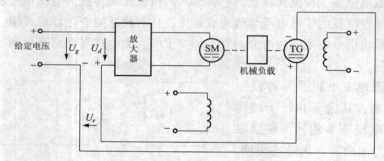

图 4-10 恒速控制系统原理图

系统工作时，先调节给定电压 U_g，使直流伺服电动机的转速恰为负载要求的转速。若负载转矩由于某种因素减小时，伺服电动机的转速上升，与其同轴的测速发电机转速也将上升，输出电压 U_f 增大，U_f 将反馈送入系统输入端，并与 U_g 比较，使差值电压 $U_d = U_g - U_f$ 减小，经放大器放大后的输出电压随之减小，且作为伺服电动机电枢电压，从而使直流伺服电动机转速下降，使系统转速基本不变。反之当负载转矩由于某种原因有所增加时，系统的转速将下降，测速发电机的输出电压 U_f 减小，因而差值电压 $U_d = U_g - U_f$ 增大，经放大后加在伺服电动机上的电枢电压也增大，电动机转速上升。由此可见，该系统由于测速发电机的接入，具有自动调节作用，使系统转速近似于恒定值。

思考与练习

1. 为什么交流伺服电动机的转子电阻值要相当大?
2. 当直流伺服电动机励磁电压和控制电压不变时,若将负载转矩减小,试问此时电枢电流、电磁转矩、转速将如何变化?
3. 如何改变两相交流伺服电动机的转向?为什么能改变其转向?
4. 为什么直流测速发电机使用时不宜超过规定的最高转速?负载电阻又不能低于规定值?

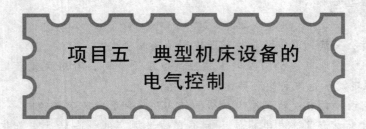

项目五 典型机床设备的电气控制

● 任务描述

电气控制设备种类繁多,拖动控制方式各异,控制电路也各不相同,在阅读电气图时,重要的是要学会电气控制分析的基本方法。通过对一些典型设备电气控制电路的分析,使读者掌握其分析方法,提高阅读电气图的能力;加深对电气控制设备中机械、液压与电气综合控制的理解;培养分析与解决电气控制设备电气故障的能力;为进一步学习电气控制电路的设计、安装、调试、维护等技术打下基础。

● 方法和步骤

典型设备电气控制分析中应注意从下面三个方面进行:一是进行机械设备概况的调查;二是注意了解电气设备及电器元件的选用;三是清楚机械设备与电气设备和电器元件的联结关系。

● 知识和技能

一、电气控制分析的依据

分析设备电气控制的依据是设备本身的基本结构、运动情况、加工工艺要求和对电力拖动的要求,以及对电气控制的要求。也就是要熟悉控制对象,掌握控制要求,这样分析起来才有针对性。这些依据主要来自设备的有关技术资料,如设备说明书、电气原理图、电气安装接线图及电器元件一览表等。

二、电气控制分析的内容

通过对各种技术资料的分析,掌握电气控制电路的工作原理,操作方法,检测、调试和维修要求等。

(1) 设备说明书。设备说明书由机械、液压与电气两部分组成,重点应通过说明书了解以下内容：
● 设备的构造，机械、液压、气动部分的传动方式和工作原理。
● 电气传动方式，电机及执行电器的数目、型号规格、安装位置、用途与控制要求。
● 了解设备的操作方法，尤其是操作手柄、开关、按钮、指示信号灯等装置在控制电路中的作用。
● 掌握与机械、液压部分相关联的电器，如行程开关、电磁阀、电磁离合器、传感器、压力继电器、微动开关等元器件的安装位置，工作状态以及与机械、液压之间的关系。特别应弄清机械操作手柄与电器开关元件间的相互关系和液压系统与电气控制系统的关系。

（2）电气控制原理图。分析电气控制原理图时，应与阅读其他技术资料结合起来，根据电动机及执行元件的控制方式，位置、作用及各种与机械有关的行程开关、主令电器的状态等来分析电气工作原理。

（3）电气设备的总装接线图。阅读分析电气设备的总装接线图，可以了解系统的组成分布情况，各部分的连接方式，主要电气部件的布置、安装要求，导线和导线管的规格型号等，以期对设备的电气安装有清晰的了解。

阅读分析总装接线图应与电气控制原理图、设备说明书结合起来进行。

（4）电器元件布置图与接线图。这是制造、安装、调试和维护电气设备所必需的技术资料。在测试、维修中可通过电器元件布置图和接线图迅速方便地找到各电器元件的测试点，从而使必要的检测、调试和维护修理工作得以顺利进行。

三、电气控制原理图的阅读分析方法

阅读分析电气控制原理图的基本方法是查线分析法，即以某一电动机或电器元件线圈为对象，从电源开始，由上而下，自左至右，逐一分析其接通断开关系，并区分出主令信号、连锁条件、保护环节等。根据图区坐标所标注的检索和控制流程的方法分析出各种控制条件与输出结果之间的因果关系，弄清电路工作原理。分析步骤为：

（1）先机后电。首先了解设备的基本结构、运动情况、工艺要求、操作方法，以期对设备有个总体的了解，进而明确该设备对电力拖动自动控制的要求，为分析电路做好前期准备。

（2）先主后辅。先阅读主电路图，看设备有几台电动机，各台电动机的作用。结合加工工艺要求弄清各台电动机的启动、转向、调速、制动各方面的控制要求及其保护环节。而主电路各控制要求是由控制电路来实现的，此时要运用化整为零法阅读分析控制电路，最后再分析辅助电路。

（3）化整为零。首先将控制电路按功能划分为若干个局部控制电路，然后从电源和主令信号开始，经过逻辑分析，写出控制流程，用简单明了的方式表达

出电路的自动工作过程。

最后再分析辅助电路。辅助电路包括信号电路、检测电路与照明电路等。这部分电路具有相对独立性,仅起辅助作用并不影响主要功能,但是它们又都是由控制电路中的元件来控制的,因此应结合控制电路一并分析。

(4) 集零为整、统观全局。在经过"化整为零"分析了每一局部电路的工作原理之后,应进一步"集零为整看全部",即弄清各局部电路之间的控制关系、连锁关系,机、电、液之间的配合情况,各种保护的设置等。以期对整个电路有个清晰的理解,并对电路如何实现工艺全过程有个明确的认识。进而了解掌握电路中的每一个电器,每个电器中的每一对触头所起的作用。

(5) 总结特点。各种设备的电气控制虽然都是由各种基本控制环节组合而成,但其整机的电气控制都各有特点,这些特点也是各种设备电气控制的区别所在,应认真总结。通过总结各自的特点,也就加深了对电气控制的理解。

※ 任务一　C650 型普通卧式车床电气控制分析 ※

普通卧式车床是一种应用极为广泛的金属切削机床,主要用来车削外圆、内圆、端面、螺纹和定型表面,并可通过尾架进行钻孔、铰孔、攻螺纹等加工。

一、主要结构和运动情况

C650 型卧式车床属于中型普通车床,加工工件回转半径最大为 1 020 mm,最大工件长度为 3 000 mm。其结构如图 5-1 所示,主要由床身、主轴变速箱、进给箱、溜板箱、刀架、尾架、丝杆和光杆等部分组成。

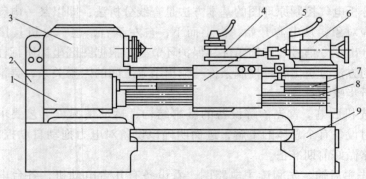

图 5-1　普通车床的结构示意图
1—进给箱;2—挂轮箱;3—主轴变速箱;4—溜板与刀架;
5—溜板箱;6—尾架;7—丝杆;8—光杆;9—床身

车床的主运动为工件的旋转运动,它由主轴通过卡盘带动工件旋转。车削加工时,应根据工件材料、刀具、工件加工工艺要求等来选择不同的切削速度,所以主轴要求有变速功能。普通车床一般采用机械变速。车削加工时，一般不要求反转，但在加工螺纹时，为避免乱扣，要求反转退刀，再以正向进刀继续进行加工，所以要求主轴能够实现正反转。

车床的进给运动是溜板带动刀具（架）的横向或纵向的直线运动。其运动方式有手动和机动两种。加工螺纹时，要求工件的切削速度与刀架横向进给速度之间应有严格的比例关系。所以，车床的主运动与进给运动由一台电动机拖动并通过各自的变速箱来改变主轴转速与进给速度。

为提高生产效率，减轻劳动强度，C650车床的溜板还能快速移动，这种运动形式称为辅助运动。

二、C650车床对电气控制的要求

根据C650车床运动情况及加工需要，共采用三台三相笼型异步电动机拖动，即主轴与进给电动机M1、冷却泵电动机M2和溜板箱快速移动电动机M3。从车削加工工艺出发，对各台电动机的控制要求是：

（1）主轴与进给电动机（简称主电动机）M1，功率20 kW，对于拥有中型车床的机械厂往往电力变压器容量较大，允许在空载情况下直接启动。主轴与进给电动机要求实现正、反转，从而经主轴变速箱实现主轴正、反转，或通过挂轮箱传给溜板箱来拖动刀架实现刀架的横向左、右移动。

为便于进行车削加工前的对刀，要求主轴拖动工件做调整点动，所以要求主轴与进给电动机能实现单方向旋转的低速点动控制。

主电动机停车时，由于加工工件转动惯量较大，故需采用反接制动。

主电动机除具有短路保护和过载保护外，在主电路中还应设有电流监视环节。

（2）冷却泵电动机M2，功率为0.15 kW，用以在车削加工时，供出冷却液，对工件与刀具进行冷却。采用直接启动，单向旋转，连续工作。具有短路保护与过载保护。

（3）快速移动电机M3，功率2.2 kW，只要求单向点动、短时运转，无需过载保护。

（4）电路设有必要的连锁保护和安全可靠的照明电路。

三、C650车床电气控制电路分析

图5-2为C650车床电气控制图。

（1）主电路分析。低压断路器QS将三相交流电源引入，经主电机FU1短路保护熔断器和FR1过载保护热继电器，R为反接制动限流电阻，电流互感器TA接入电流表监视主电动机的线电流。KM1、KM2分别为主电动机正、反转接触器，KM3为主电动机制动限流接触器。

项目五　典型机床设备的电气控制

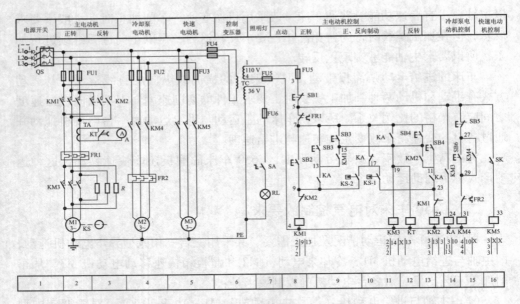

图 5-2　C650 型普通车床电气控制原理图

冷却泵电动机 M2 通过接触器 KM4 的控制来实现单向连续运转，FU2 为 M2 的短路保护用熔断器，FR2 为其过载保护用热继电器。

快速移动电动机 M3 通过接触器 KM5 控制实现单向旋转点动短时工作，FU3 为其短路保护用熔断器。

（2）控制电路分析。控制电路电源为 110 V 的交流电压，由控制变压器 TC 供给控制电路。同时代还为照明电路提供 36 V 的交流电压，FU5 为控制电路短路保护用熔断器，FU6 为照明电路短路保护用熔断器，车床局部照明灯 EL 由主令开关 SA 控制。

- 主电动机 M1 的点动调整控制。SB2 为主电动机 M1 的点动控制按钮，按下 SB2，KM1 线圈通电吸合，KM1 主触头闭合，M1 定子绕组经限流电阻 R 与电源接通，电动机 M1 定子串电阻做正转减压点动。若点动时速度达到速度继电器 KS 动作值 140 r/min，KS 正转触头 KS-1 将闭合，为点动停止时的反接制动做准备。松开点动按钮 SB2，KM1 线圈断电释放，KM1 触头复原；若 KS 转速大于其释放值 100 r/min 时，触点 KS-1 仍闭合，使 KM2 线圈通电吸合，M1 接入反相序三相交流电源，并串入限流电阻只进行反接制动；当 KS 转速达到 100 r/min 时，KS-1 触头断开，反接制动结束，电动机自然停车至零。

- 主电动机 M1 的正、反转控制。主电动机的正反转分别由正向启动按钮 SB3 与反向启动按钮 SB4 控制。正转时，按下启动按钮 SB3，接触器 KM3 首先通电吸合，其常开主触头闭合，将限流电阻 R 短接。同时 KM3 常开辅助触头闭合，使中间继电器 KA 线圈通电吸合，触头 KA（13—9）闭合使接触器 KM1 线圈通电吸合,其常开主触头闭合,主电动机 M1 在全电压下正向直接启动。由于 KM1 常开触头 KM1（15—13）闭合和 KA 常开触头 KA（7—15）闭合,使 KM1 和 KM3 线圈自锁,M1 获得正向连续运转。

反转与正转控制相类似。按下反向启动按钮 SB4,接触器 KM3 首先通电吸合,接着 KA 通电吸合,KM2 通电吸合,KM2 主触头使电动机 M1 反相序接入三相交流电源,电动机 M1 在全电压下反向启动。同时,由于 KM2 和 KA 的常开触头闭合,使 KM3、KM2 线圈自锁,获得反向连续运转。

接触器 KM1 与 KM2 的常闭触头串接在对方线圈电路中,实现电动机 M1 正反转的互锁。

● 主电动机 M1 的停车制动控制。主电动机停车时采用反接制动。反接制动电路由正反转可逆电路和速度继电器组成。

正转制动:当 M1 正转运行时,接触器 KM1、KM3 和中间继电器 KA 线圈通电吸合,KS 的常开触头 KS—1 闭合,为正转制动做好准备。如需停车时,按下停止按钮 SB1,KM3、KM1、KA 线圈同时断电释放。KM3 常开主触头断开,电阻只串入电动机定子电路,KA 常闭触头 KA（7—17）复原闭合,KM1 常开主触头断开,断开主电动机正相序三相交流电源。此时电动机以惯性高速旋转,KS 触头 KS—1（17—23）仍处于闭合状态。当松开停止按钮 SB1 时,触头 SB1（3—5）复位闭合,使反转接触器 KM2 线圈经 1—3—5—7—17—23—25—4—2 线路通电吸合,电动机定子串入电阻接入反相序三相交流电源,进行电动机正转反接制动,电动机转速迅速下降,当速度继电器转速低于 100 r/min 时,KS—1 触头断开,使 KM2 线圈断电释放,电动机脱离反相序三相交流电源,反接制动结束,电动机自然停车至零。

反转制动:反转制动与正转制动相似,电动机反转时,速度继电器反转触头 KS—2 闭合。停车时,KM3、KM2、KA 线圈同时断电释放,KM1 线圈通电吸合,电源经已闭合的 KM1 主触头和电阻及接通电动机,进入反转反接制动,当 KS 转速下降到 100 r/min 时,KS 释放,触头 KS—2 断开,KM1 线圈断电释放,电动机脱离三相电源,反接制动结束,电动机自然停车至零。

由上述分析可知:按下停止按钮 SB1 时,断开电动机原相序的三相交流电源;当松开 SB1 时,电路保证电动机串入电阻及接入反相序三相交流电源进行反接制动,制动到速度继电器 KS 释放为止;以后一段为自然停车至零。所以在停车操作时,不要按 SB1 的时间过长,因为只是从松开 SB1 后才实现反接制动,若按下 SB1 时间过长将减弱反接制动效果。

● 冷却泵电动机 M2 的控制。由停止按钮 SB5、启动按钮 SB6 和接触器 KM4 构成冷却泵电动机 M2 单向旋转启动停止控制电路。按下 SB6,KM4 线圈通电并自锁,M2 启动旋转;按下 SB5,KM4 线圈断电释放,M2 断开三相交流电源,自然停车至零。

- 刀架快速移动电动机 M3 的控制。刀架快速移动是通过转动刀架手柄压动行程开关 SQ 来实现的。当手柄压下行程开关 SQ 时，接触器 KM5 线圈通电吸合，其常开主触头闭合，电动机 M3 启动旋转，拖动溜板箱与刀架做快速移动；松开刀架手柄，行程开关 SQ 复位，KM5 线圈断电释放，M3 停止转动，刀架快速移动结束。刀架移动电动机为单向旋转，而刀架左、右移动由机械传动实现。
- 辅助电路。为了监视主电动机的负载情况，在电动机 M1 的主电路中，通过电流互感器 TA 接入电流表。为防止电动机启动、点动时启动电流和停车制动时制动电流对电流表的冲击，线路中接入一个时间继电器 KT，且 KT 线圈与 KM3 线圈并联。启动时，KT 线圈通电吸合，其延时断开的常闭触头将电流表短接，经过一段延时后，启动过程结束，KT 延时断开的常闭触头断开，正常工作电流流经电流表，以便监视电动机在工作中电流的变化情况。

四、C650 型车床电气控制特点与故障分析

1. 电气控制电路特点

综上所述，C650 型普通卧式车床电气控制电路特点有：

（1）采用三台电动机拖动，尤其是车床溜板箱的快速移动单由一台快速移动电动机 M3 拖动。

（2）主电动机 M1 不但有正、反向运转，还有单向低速点动的调整控制，M1 正反向停车时均具有反接制动停车控制。

（3）设有检测主电动机工作电流的环节。

（4）具有完善的保护和连锁功能：主电动机 M1 正反转之间有互锁。熔断器 FU1 ~ FU6 可实现各电路的短路保护；热继电器 FR1、FR2 实现 M1、M2 的过载保护；接触器 KM1、KM2、KM4 采用按钮与自锁环节，对 MI、M2 实现欠电压与零电压保护。

2. 常见故障分析

（1）主电动机点动启动时启动电流过大，相当于全压启动时的情况，其原因是短接限流电阻及接触器 KM3 线圈虽未通电吸合，但由于其主触头发生粘连而断不开，造成 R 被短接，使 M1 全压启动。应检查 KM3 接触器是否存在触头粘连或衔铁机械上卡住而不能释放等情况。

（2）主电动机正反向启动时，检测电动机定子电流的电流表读数较大，这是由于时间继电器 KT 延时过短，主电动机启动尚未结束，而延时时间已到，造成过早地接入电流表，使电流表读数较大。

（3）主电动机反接制动时制动效果差。如果这一情况每次都发生，一般来说是由于速度继电器触头反力弹簧过紧，使触头过早复位断开了反接制动电路，造成反接制动效果差；若属于偶然发生，往往是由于操作不当造成的。按下停止按钮 SB1 时间过长，只有当松开 S61 后，其常闭触头复位才接入反接制动电路，

对 M1 进行反接制动。

任务二　Z3040 型摇臂钻床的电气控制分析

钻床是一种用途较广的万能机床，可以完成钻孔、扩孔、铰孔、攻螺纹及修刮端面等多种形式的加工。钻床按结构形式可分为立式钻床、台式钻床、摇臂钻床、多轴钻床、深孔钻床和卧式钻床等。在各类钻床中，摇臂钻床操作方便、灵活，适用范围广，特别适用于带有多孔的大型工件的孔加工，是机械加工中常用的机床设备，具有典型性。下面以 Z3040 型摇臂钻床为例，分析其电气控制原理图。

一、摇臂钻床主要结构与运动情况

摇臂钻床主要由底座、内立柱、外立柱、摇臂、主轴箱及工作台等部分组成。内立柱固定在底座的一端，在它的外面套着外立柱，外立柱可绕内立柱回转 360°，摇臂的一端为套筒，它套在外立柱上。借助丝杆的正反转可使摇臂沿外立柱做上下移动。由于丝杆与外立柱连为一体，而升降螺母固定在摇臂套筒上，所以摇臂只能与外立柱一起绕内立柱回转。主轴箱是一个复合部件，它由主电动机、主轴传动机构、主轴，进给和变速机构以及钻床的操作机构等部分组成。主轴箱安装在摇臂的水平导轨上，可以通过手轮操作使其在摇臂水平导轨上移动，如图 5 - 3 所示。

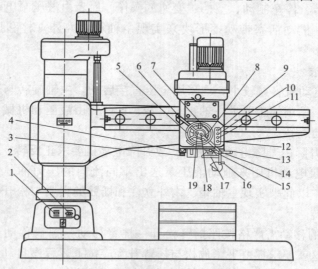

图 5 - 3　摇臂钻床操纵图

1—冷却开关 SA1；2—总电源开关；3—主轴转速预选按钮；4—主轴进给量预选按钮；5—主轴箱移动手轮；6—主轴移动手柄；7—定程切削限位手轮；8—刻度盘微调手轮；9—按钮 SB2；10—按钮 SB1；11—按钮 SB3；12—按钮 SB4；13—主轴操作手柄；14—主轴平衡调整；15—接通、断开机动手柄；16—开关 SA2；17—微动进给手柄；18—按钮 SB5；19—按钮 SB6

钻削加工时，主运动为主轴带动钻头的旋转运动；进给运动为主轴带动钻头做上下的纵向运动。此时要求主轴箱由夹紧装置紧固在摇臂的水平导轨上，外立柱紧固在内立柱上，摇臂紧固在外立柱上，摇臂钻床的辅助运动有摇臂沿外立柱的上下移动；主轴箱沿摇臂水平导轨的水平移动；摇臂与外立柱一起绕内立柱的回转运动。

二、摇臂钻床的电力拖动特点与控制要求

1. 电力拖动特点

（1）摇臂钻床运动部件较多，为简化传动装置，采用多电动机拖动。由主轴电动机拖动主轴的旋转主运动和主轴的进给运动；由摇臂升降电动机拖动摇臂的升降；由液压泵电动机拖动液压泵供出压力油完成主轴箱、内外立柱和摇臂的夹紧与松开；由冷却泵电动机拖动冷却泵，供出冷却液进行刀具加工过程中的冷却。

（2）摇臂钻床的主运动与进给运动皆为主轴的运动，为此这两种运动由一台主轴电动机拖动，分别经主轴传动机构、进给传动机构来实现主轴的旋转和进给。所以主轴变速机构与进给变速机构均装在主轴箱内。

（3）摇臂钻床有两套液压控制系统，一套是操作机构液压系统，另一套是夹紧机构液压系统。前者由主轴电动机拖动齿轮泵送出压力油，通过操纵机构实现主轴正、反转，停车制动，空档、变速的操作。后者由液压泵电动机拖动液压泵送出压力油，推动活塞带动菱形块来实现主轴箱、内外立柱和摇臂的夹紧与松开。

2. 控制要求

（1）4台电动机容量较小，均采用全压直接启动。主轴旋转与进给要求有较大的调速范围，钻削加工要求主轴正、反转，这些皆由液压和机械系统完成，主轴电动机做单向旋转。

（2）摇臂升降由升降电动机拖动，故升降电动机要求正反转。

（3）液压泵电动机用来拖动液压泵送出不同流向的压力油，推动活塞，带动菱形块动作，以此来实现主轴箱、内外立柱和摇臂的夹紧与松开。故液压泵电动机要求正反转。

（4）摇臂的移动需严格按照摇臂松开→摇臂移动→摇臂移动到位自动夹紧的程序进行。这就要求摇臂夹紧放松与摇臂升降应按上述程序自动进行，也就是说对液压泵电动机和升降电动机的控制要按上述要求进行。

（5）钻削加工时应由冷却泵电动机拖动冷却泵，供出冷却液对钻头进行冷却，冷却泵电动机为单向旋转。

（6）要求有必要的连锁与保护环节。

（7）具有机床完全照明和信号指示电路。

三、摇臂钻床液压系统简介

摇臂钻床具有两套液压控制系统，一套是由主轴电动机拖动齿轮泵供出压力油，由主轴操作手柄来改变两个操纵阀的相互位置，使压力油做不同的分配，进而实现主轴正转、反转、空档、变速与停车等运动。另一套是由液压泵电动机拖动液压泵送出压力油来实现摇臂、主轴箱和立柱的夹紧与放松的夹紧机构液压系统。图5-3为摇臂钻床操纵图。

（1）操作机构液压系统。该系统由主轴电动机拖动齿轮泵送出压力油，由主轴操作手柄来操作。主轴操作手柄有5个空间位置：上、下、里、外和中间位置。其中上为"空档"，下为"变速"，外为"正转"，里为"反转"，中间位置为"停车"。主轴的转速与主轴进给量各由一个旋钮控制，如图5-3中的3与4所示，用其进行预选，然后再操作主轴手柄。

由此可知，要使主轴旋转，首先是启动主轴电动机做单向旋转，拖动齿轮泵，送出压力油。然后操纵主轴手柄扳向外或里位置，使压力油作用于正转或反转摩擦离合器，接通主轴电动机到主轴的传动链，从而驱动主轴正转或反转。

在主轴正转或反转的过程中，通过转动变速旋钮3或4，就可改变主轴转速或主轴进给量。

若要使主轴停车，需将主轴操作手柄扳向中间位置，这时主轴电动机仍在旋转，只是此时整个液压系统为低压力油，无法松开制动摩擦离合器，而在制动弹簧作用下使主轴电动机的动力无法传到主轴，从而使主轴停车。

当主轴操作手柄扳在"下"的位置时，即"变速"档位时，主轴电动机仍继续单向旋转，用变速旋钮3或4选好主轴转速或主轴进给量，油路将推动拨叉慢慢移动，逐渐压紧主轴正转摩擦离合器，接通主轴电动机到主轴的传动链，带动主轴缓慢旋转，此过程称为缓速过程，以利于齿轮的顺利啮合。当变速完成，松开主轴操作手柄时，手柄将在弹簧作用下由"变速"位置自动复位到"停车"的中间位置。然后再操纵主轴手柄于正转与反转位置，主轴将在新的转速或进给量下工作。

当主轴操纵手柄置于"空档"位置时，压力油使主轴传动中的滑移齿轮处于中间脱开位置，这时可用手轻便地转动主轴。

（2）夹紧机构液压系统。主轴箱、内外立柱和摇臂的夹紧与松开，是由液压泵电动机拖动液压泵送出压力油，推动活塞，带动菱形块来实现的。其中主轴箱和内外立柱的夹紧与松开由一个油路控制，而摇臂的夹紧松开因要与摇臂的升降运动构成自动循环，故由另一油路来控制。这两个油路均由电磁阀YV来操纵。

四、电气控制电路分析

如图5-4所示为Z3040型摇臂钻床电气原理图。图中M1为主轴电动机，

项目五 典型机床设备的电气控制

M2 为摇臂升降电动机，M3 为液压泵电动机，M4 为冷却泵电动机。

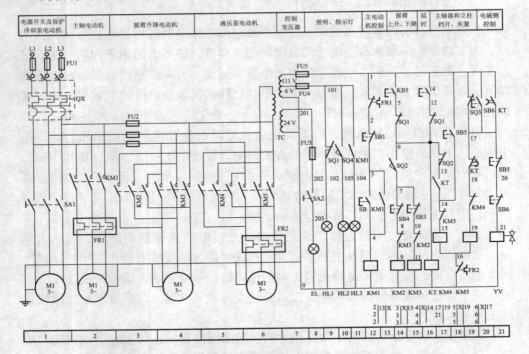

图 5-4 Z3040 型摇臂钻床电气原理图

主轴箱上装有 4 个按钮，由上至下为 SB2、SB1、SB3 与 SB4，它们分别是主轴电动机启动、停止按钮，摇臂上升、下降按钮。主轴箱移动手轮上装有 2 个按钮 SB5、SB6，分别为主轴箱、立柱松开按钮和夹紧按钮。扳动主轴箱移动手轮，可使主轴箱做左右水平移动；主轴移动手柄则用来操纵主轴做上下垂直移动，它们均为手动进给。主轴也可采用机动进给。

1. 主电路分析

三相交流电源由低压断路器 QS 控制。主轴电动机 M1 仅做单向旋转，由接触器 KM1 控制。主轴的正反转由主轴操作手柄选择。热继电器 FR1 为电动机 M1 做过载保护。

摇臂升降电动机 M2 的正反转由接触器 KM2、KM3 控制实现。而摇臂移动是短时的，故不设过载保护。但其与摇臂的放松与夹紧之间有一定的配合关系，这由控制电路去保证。液压泵电动机 M3 由接触器 KM4、KM5 控制实现正反转，由热继电器 FR2 做过载保护。冷却泵电动机 M4 容量为 0.125 kW，由开关 SA1 根据需求控制其启动与停止。

2. 控制电路分析

（1）主轴电动机 M1 的控制。由按钮 SB2、SB1 与接触器 KM1 构成主轴电动

任务二 Z3040型摇臂钻床的电气控制分析

机单向启动停止控制电路。启动时，按下启动按钮 SB2，KM1 线圈通电并自锁，KM1 常开主触头闭合，N1 全压启动旋转。同时 KM1 常开辅助触头闭合，指示灯 HL3 亮，表明主轴电动机 M1 已启动，并拖动齿轮泵送出压力油，此时可操作主轴操作手柄进行主轴变速、正转、反转等的控制。

（2）摇臂升降及摇臂放松与夹紧的控制。摇臂不移动时，被夹紧在外立柱上，当发出摇臂移动信号后，须先松开夹紧装置，当发出松开信号后，摇臂方可移动。当摇臂移动到所需位置，夹紧装置在收到夹紧信号后再次自动将摇臂夹紧。本电路能自动完成上述过程。

摇臂升降电动机 M2 的控制电路是由摇臂上升按钮 SB3、下降按钮 SB4 及正反转接触器 KM2、KM3 组成具有双重互锁功能的正反转点动控制电路。由于摇臂的升降控制须与夹紧机构液压系统密切配合，所以摇臂的升降控制与液压泵电动机的控制密切相关。

液压泵电动机 M3 的正反转由正反转接触器 KM4、KM5 控制，M3 拖动双向液压泵，供出压力油，经 2 位六通阀送至摇臂夹紧机构实现夹紧与放松。下面以要求摇臂上升为例来分析摇臂升降及夹紧、放松的控制原理。

按下摇臂上升点动按钮 SB3，时间继电器 KT 线圈通电吸合，瞬动常开触头 KT（13—14）与延时断开的动合触头 KT（1—17）闭合，前者使接触器 KM4 线圈通电吸合，后者使电磁阀 YV 线圈通电。于是液压泵电动机 M3 正转启动旋转，拖动液压泵送出压力油，经 2 位六通阀进入摇臂松开油腔，推动活塞和菱形块，使摇臂松开。松开到位时，活塞杆通过弹簧片去压动行程开关 SQ2，其常闭触头 SQ2（6—13）断开，使接触器 KM4 线圈断电释放，液压泵电动机停止旋转，摇臂处于松开状态；同时 SQ2 常开触头 SQ2（6—7）闭合，使 KM2 线圈通电吸合，摇臂升降电动机 M2 启动旋转，拖动摇臂上升。所以 SQ2 是用来反映摇臂是否松开且发出松开信号的元件。

当摇臂上升到预定位置时，松开上升按钮 SB3，KM2、KT 线圈断电释放，M2 依惯性旋转至自然停止，摇臂停止上升。断电延时继电器 KT 的延时闭合触头 KT（17—18）延时时间到而闭合，它的闭合使 KM5 线圈通电吸合，液压泵电动机 M3 反向启动旋转，同时 KT 的延时断开触头 KT（1—17）断开，使电磁阀 YV 线圈断电。液压泵送出的压力油经另一条油路流入 2 位六通阀，再进入摇臂夹紧油腔，反向推动活塞和菱形块，使摇臂夹紧。值得注意的是，在时间继电器 KT 断电延时的 3 s 内，KM5 线圈仍处于断电状态，而 YV 线圈仍处于通电状态，这段几秒钟的延时就确保了横梁升降电动机 M2 在断开电源依惯性旋转已经完全停止旋转后，才开始摇臂的夹紧动作。所以 KT 延时长短应按大于 M2 电动机断开电源到完全停止所需时间来整定。

当摇臂夹紧后，活塞杆通过弹簧片压动行程开关 SQ3，使触头 SQ3（1—17）断开，KM5 线圈断电释放，M3 停止旋转，摇臂夹紧结束。所以 SQ3 为摇臂夹紧信号开关。

由上可知，行程开关 SQ2 为摇臂松开开关，SQ2 压下发出摇臂松开信号；行程开关 SQ3 为摇臂夹紧开关，SQ3 压下发出摇臂已夹紧信号。SQ3 应调整到摇臂夹紧后就动作的状态，若调整不当，摇臂夹紧后仍不能动作，将使液压泵电动机 M3 长期工作而过载。为防止这种情况发生，电动机 M3 虽为短时运行，但仍采用热继电器 FR2 做过载保护。

摇臂升降的极限保护由组合开关 SQ1 来实现。SQ1 有两对常闭触头，当摇臂上升或下降到极限位置时，使相应常闭触头断开，切断对应的上升或下降接触器 KM2 与 KM3 线圈电路，使 M2 电动机停止，摇臂停止移动，实现上升、下降的极限保护。若出现摇臂移动过位时可按下反方向移动启动按钮，使 M2 按与原方向相反的方向旋转，拖动摇臂按原移动的反方向移动。

(3) 主轴箱与立柱的夹紧、放松控制。主轴箱在摇臂上的夹紧放松与内外立柱之间的夹紧与放松，均采用液压操纵，且由同一油路控制，所以它们是同时进行的。工作时要求 2 位六通电磁阀线圈 YV 处于断电状态，松开由松开按钮 SB5 控制，夹紧由夹紧按钮 SB6 控制，并有松开指示灯 HL1、夹紧指示灯 HL2 指示其状态。

当按下松开按钮 SB5 时，KM4 线圈通电吸合，液压泵电动机 M3 正转启动旋转，拖动液压泵送出压力油，由于电磁阀线圈 YV 不通电，其送出的压力油经 2 位六通阀进入另一油路，即进入立柱与主轴箱松开油腔，推动活塞和菱形块使立柱和主轴箱同时松开。当立柱与主轴箱松开后，行程开关 SQ4 不再受压，其触头 SQ4（101—102）复位闭合，松开指示灯 HL1 亮，表明立柱与主轴箱已松开，此时松开 SB5 按钮，便可转动主轴箱移动手轮，使主轴箱在摇臂水平导轨上移动；同时也可推动摇臂，使摇臂连同外立柱绕内立柱做回转运动。当移动到位时，按下夹紧按钮 SB6，接触器 KM5 线圈通电吸合，液压泵电动机 M3 反向启动旋转，拖动液压泵送出压力油至夹紧油腔，使立柱与主轴箱同时夹紧。当确已夹紧时，压下夹紧行程开关 SQ4，触头 SQ44（101—102）断开，HL1 灯灭，触头 SQ4（101—103）闭合，HL2 灯亮，指示立柱与主轴箱均已夹紧，可以进行钻削加工。

(4) 冷却泵电动机 M4 的控制。冷却泵电动机 M4 由开关 SA1 手动控制，单向旋转，可视加工需求操作 SA1，使其启动或停止。

(5) 具有完善的连锁与保护环节行程开关 SQ1 实现摇臂上升与下降的限位保护。行程开关 SQ2 实现摇臂确已松开时，开始升降的连锁。行程开关 SQ3 实现摇臂确以夹紧时，液压泵电动机 M3 停止运转的连锁。时间继电器 KT 实现升降电动机 M2 断开电源，待完全停止后才开始夹紧的连锁。升降电动机 M2 正反转具有双重互锁，液压泵电动机 M3 正反转具有电气互锁。

立柱与主轴箱松开、夹紧按钮 SB5、SB6 的常闭触头串接在电磁阀线圈 YV 电路中，实现进行立柱与主轴箱松开、夹紧操作时，确保压力油只进入立柱与主轴箱夹紧松开油腔而不进入摇臂松开夹紧油腔的连锁。

熔断器 FU1—FU3 做短路保护，热继电器 FR1，FR2 做电动机 M1、M3 的过载保护。

3. 照明与信号指示电路分析

HL1 为主轴箱与立柱松开指示灯，HL1 亮表示已松开，可以手动操作主轴箱移动手轮，使主轴箱沿摇臂水平导轨移动或推动摇臂连同外立柱绕内立柱回转。

HL2 为主轴箱与立柱夹紧指示灯，HL2 亮表示主轴箱已夹紧在摇臂上，摇臂连同外立柱夹紧在内立柱上，可以进行钻削加工。

HL3 为主轴电动机启动旋转指示灯，HL3 亮表示可以操作主轴手柄进行对主轴的控制。EL 为机床局部照明灯，由控制变压器 TC 供给 24 V 安全电压，由手动开关 SA2 控制。

4. 电气控制特点

（1）Z3040 型摇臂钻床采用的是机、电、液联合控制。主轴电动机 M1 虽只做单向旋转，拖动齿轮泵送出压力油，但主轴经主轴操作手柄来改变两个操纵阀的相互位置，使压力油做不同的分配，从而使主轴获得正转、反转、变速、停止、空档等工作状态。这一部分构成操纵机构液压系统。

另一套是摇臂、立柱和主轴箱的夹紧放松机构液压系统，该系统又分为摇臂夹紧放松油路与立柱、主轴箱夹紧放松油路。经推动油腔中的活塞和菱形块来实现夹紧与放松。

（2）摇臂升降与摇臂夹紧放松之间有严格的程序要求，电气控制与液压、机械协调配合自动实现先松开摇臂、再移动，移动到位后再自动夹紧。

（3）电路有完善的连锁与保护，有明显的信号指示，便于操作机床。

五、电气控制常见故障分析

Z3040 型摇臂钻床的控制是机电液联合控制，而立柱与主轴箱的移动是在其松开后靠手动实现的，摇臂的移动则是机电液综合控制。为此主要对摇臂移动中的常见故障作一分析。

（1）摇臂不能上升移动。由摇臂上升的电气动作过程可知：摇臂移动的前提是摇臂确实松开，活塞杆通过弹簧片压下行程开关 SQ2，使接触器 KM4 线圈断电释放，液压泵电动机 M3 停止旋转，而接触器 KM2 线圈通电吸合，摇臂升降电动机 M2 正向启动旋转，拖动摇臂上升。下面通过 SQ2 的开关有无动作来分析摇臂不能上升的原因。

开关 SQ2 不动作，常见故障为 SQ2 安装位置不当或紧固螺丝发生松动，使 SQ2 位置发生移动。这样，摇臂虽已松开，但活塞杆通过弹簧片仍压不上 SQ2，致使摇臂不能移动。有时也会出现因液压系统故障，使摇臂没有完全松开，致使活塞杆通过弹簧片压不上 SQ2。为此，应配合机械、液压系统调整好 SQ2 位置并切实安装牢固。

有时电动机 M3 在机床大修后电源相序接反，此时按下摇臂上升按钮 SB3 后，电动机 M3 反转，反而使摇臂夹紧，更压不上 SQ2，摇臂也不会上升，所以应认真检查电源相序及电动机 M3 正反转是否正确。

（2）摇臂移动后出现摇臂夹不紧的故障。根据电气控制电路可知，当摇臂移动到所需位置后，松开上升按钮 SB3 或下降按钮 SB4 后，摇臂应自动夹紧，而夹紧动作的结束是由行程开关 SQ3 发出已夹紧信号来控制的。若摇臂发生夹不紧的故障，说明摇臂夹紧控制电路正常，只是夹紧力不够，这是由于 SQ3 动作过早，使液压泵电动机 M3 在摇臂还未充分夹紧时就过早停止旋转。这往往是由于 SQ3 安装位置不当，过早被活塞杆压上动作所致。弹簧片压下所致，若不是此因，则应建议机修人员检查菱形块的夹紧装置是否有问题。

（3）液压系统的故障。有时电气控制电路工作正常，而电磁阀芯卡住不动作或油路发生堵塞，造成液压控制系统失灵，也会造成摇臂无法移动或夹不紧等故障。因此，在维修工作中应分析判断是电气控制系统还是液压机械系统的故障，然而这两者之间又相互联系，所以应相互配合，协同排除故障。

任务三　XA6132 型卧式万能铣床的电气控制分析

铣床可用来加工平面、斜面、沟槽，装上分度头可以铣切直齿齿轮和螺旋面，装上圆工作台还可铣切凸轮和弧形槽，所以铣床在机械行业的机床设备中占有相当大的比重。铣床按结构形式和加工性能的不同，可分为卧式铣床、立式铣床、龙门铣床和仿形铣床等，其中又以卧式和立式万能铣床应用最广泛。下面以 XA6132 型卧式万能铣床为例，分析中小型铣床的电气控制原理及特点。

XA6132 型卧式万能铣床可用各种圆柱铣刀、圆片铣刀、角度铣刀、成型铣刀和端面铣刀，可加工各种平面、斜面、沟槽、齿轮等，如果使用万能铣头、圆工作台、分度头等铣床附件，还可以扩大机床加工范围，因此说 XA6132 型铣床是一种通用机床。

一、XA6132 型卧式万能铣床主要结构及运动情况

这种铣床主要由底座、床身、悬梁、刀杆支架、升降台、溜板和工作台等部分组成，其外形图如图 5-5 所示。箱形的床身 13 固定在底座 1 上，在床身内装有主轴传动机构和主轴变速机构。在床身的顶部有水平导轨，其上装着带有一个或两个刀杆支架 8 的悬梁 9。刀杆支架用来支承安装铣刀心轴的一端，而心轴的另一端固定在主轴上。在床身的前方有垂直导轨，一端悬持的升降台 3 可沿垂直导轨做上下移动，升降台上装有进给传动机构和进给变速机构。在升降台上面的水平导轨上，装有溜板 5，溜板在其上做平行主轴轴线方向的运动（横向移动），

任务三 XA6132型卧式万能铣床的电气控制分析

从如图5-5所示工作台主视图角度看是前后运动。溜板上方装有可转动部分6，卧式铣床与卧式万能铣床的唯一区别在于后者设有转动部分，而前者无转动部分。转动部分对溜板可绕垂直轴线转动一个角度（通常为±45°）。在转动部分上又有导轨，导轨上安放有工作台7，工作台在转动部分的导轨上做垂直于主轴轴线方向的运动（纵向移动，又称左右运动）。这样工作台可在上下、前后、左右三个相互垂直方向上均可运动，再加上转动部分可对溜板垂直轴线方向转动一个角度，这样工作台还能在主轴轴线倾斜方向运动，从而完成铣螺旋槽的加工。为扩大铣削能力还可在工作台上安装圆工作台。

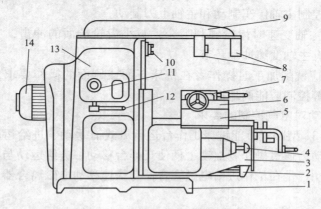

图5-5 XA6132万能铣床外形图
1—底座；2—进给电机；3—升降台；4—进给变速手柄；5—溜板；6—转动工作台；7—工作台；
8—刀杆支架；9—悬梁；10—主轴；11—主轴变速盘；12—主轴变速手柄；13—床身；14—主电动机

铣床运动形式有主运动、进给运动及辅助运动。其中铣刀的旋转运动即主轴的旋转运动为主运动；工件夹持在工作台上在垂直于铣刀轴线方向做直线运动，称为进给运动，包括工作台上下、前后、左右三个相互垂直方向上的进给运动；而工件与铣刀相对位置的调整运动即工作台在上下、前后、左右三个相互垂直方向上的快速直线运动及工作台的回转运动为辅助运动。

二、XA6132型卧式万能铣床电力拖动特点与控制要求

XA6132型万能卧式铣床的主轴传动系统装在床身内，进给传动系统在升降台内，由于主轴旋转运动与工作台的进给运动之间不存在速度比例协调的要求，故采用单独传动，即主轴由主轴电动机拖动，工作台的工作进给与快速移动皆由进给电动机拖动，但经电磁离合器来控制。使用圆工作台时，圆工作台的旋转也是由进给电动机拖动的。另外，铣削加工时为冷却铣刀设有冷却泵电动机。

1. 主轴拖动对电气控制的要求

（1）为适应铣削加工的需要，主轴要求调速，为此主轴电动机应选用法兰盘式三相笼型异步电动机，经主轴变速箱拖动主轴，利用主轴变速箱使主轴获得

18种转速。

（2）铣床加工方式有顺铣和逆铣两种，分别使用顺铣刀和逆铣刀，要求主轴能正、反转，但旋转方向不需经常变换，仅在加工前预选主轴旋转方向。为此，主轴电动机应能正、反转，并由转向选择开关来选择电动机的方向。

（3）铣削加工为多刀多刃不连续切削，这样切削时负载波动，为减轻负载波动带来的影响，往往在主轴传动系统中加入飞轮，以加大转动惯量，这样一来，又对主轴制动带来了影响，为此主轴电动机停车时应设有制动环节。同时，为了保证安全，主轴在上刀时，也应使主轴制动。XA6132型卧式万能铣床采用电磁离合器来控制主轴停车制动和主轴上刀制动。

（4）为使主轴变速时齿轮顺利啮合，减小齿轮端面的冲击，主轴电动机在主轴变速时应有主轴变速冲动环节。

（5）为适应铣削加工时操作者在铣床正面或侧面的操作要求，主轴电动机的启动、停止等控制应能两地操作。

2. 进给拖动对电气控制的要求

（1）XA6132型卧式万能铣床工作台运行方式有手动、进给运动和快速移动三种。其中手动为通过操作者摇动手柄使工作台移动；进给运动与快速移动则由进给电动机拖动，是在工作进给电磁离合器与快速移动电磁离合器的控制下完成的运动。

（2）为减少按钮数量，避免误操作，对进给电动机的控制采用电气开关、机构挂挡相互联动的手柄操作，即扳动操作手柄的同时压合相应的电气开关，挂上相应传动机构的档，而且要求操作手柄扳动方向与运动方向一致，增强直观性。

（3）工作台的进给有左右的纵向运动，前后的横向运动和上下的垂直运动，它们都是由进给电动机拖动的，故进给电动机要求正反转。采用的操作手柄有两个，一个是纵向操作手柄，另一个是垂直与横向操作手柄。前者有左、右、中间三个位置，后者有上、下、前、后、中间5个位置。

（4）进给运动的控制也为两地操作方式。所以，纵向操作手柄与垂直、横向操作手柄各有两套，可在工作台正面与侧面实现两地操作，且这两套操作手柄是联动的，快速移动也为两地操作。

（5）工作台左右、上下、前后6个方向的运动，为保证安全，同一时间只允许一个方向的运动。因此，应具有6个方向的连锁控制环节。

（6）进给运动由进给电动机拖动，经进给变速机构可获得18种进给速度。为使变速后齿轮的顺利啮合，减小齿轮端面的撞击，进给电动机应在变速后做瞬时点动。

（7）为使铣床安全可靠地工作，铣床工作时，要求先启动主轴电动机（若换向开关扳在中间位置，主轴电动机不旋转），才能启动进给电动机。停车时，

任务三　XA6132型卧式万能铣床的电气控制分析

主轴电动机与进给电动机同时停止，或先停进给电动机，后停主轴电动机。

（8）工作台上下、左右、前后6个方向的移动应设有限位保护。

三、电磁离合器

XA6132万能铣床主轴电动机停车制动、主轴上刀制动以及进给系统的工作进给和快速移动皆由电磁离合器来实现。

电磁离合器又称电磁联轴节。它是利用表面摩擦和电磁感应原理，在两个做旋转运动的物体间传递转矩的执行电器。由于它便于远距离控制，能耗小，动作迅速、可靠，结构简单，故广泛应用于机床的电气控制。铣床上采用的是摩擦片式电磁离合器。

摩擦片式电磁离合器按摩擦片的数量可分为单片式与多片式两种，机床上普遍采用多片式电磁离合器，其结构如图5-6所示。在主动轴1的花键轴端，装有主动摩擦片6，它可以沿轴向自由移动，但因为是花键联结，故将随同主动轴一起转动。从动摩擦片5与主动摩擦片交替叠装，其外缘凸起部分卡在与从动齿轮2固定在一起的套筒3内，因而可以随从动齿轮转动，并在主动轴转动时它可以不转。当线圈8通电后产生磁场，将摩擦片吸向铁芯9，衔铁4也被吸住，紧紧压住各摩擦片。于是，依靠主动摩擦片与从动摩擦片之间的摩擦力，使从动齿轮随主动轴转动，实现转矩的传递。当电磁离合器线圈电压达到额定值的85%~105%时，离合器就能可靠地工作。当线圈断电时，装在内外摩擦片之间的圈状弹簧使衔铁和摩擦片复原，离合器便失去传递转矩的作用。

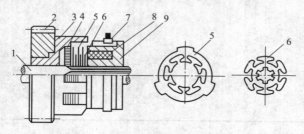

图5-6　电磁离合器结构示意图

1—主动轴；2—从动齿轮；3—套筒；4—衔铁；5—从动摩擦片；
6—主动摩擦片；7—电刷与滑环；8—线圈；9—铁芯

四、电气控制电路分析

图5-7为XA6132型卧式万能铣床电气控制原理图。图中M1为主轴电动机，M2为工作台进给电动机，M3为冷却泵电动机。该电路突出的特点：一个是采用电磁离合器控制；另一个是机械操作与电气开关动作密切配合进行。因此，在分析电气控制原理图时，应对机械操作手柄与相应电器开关的动作关系，各开

关的作用以及各指令开关的状态都应做一了解。如 SQ1、SQ2 为与纵向机构操作手柄有机械联系的纵向进给行程开关；SQ3、SQ4 为与垂直、横向机构操作手柄有机械联系的垂直、横向进给行程开关，SQ5 为主轴变速冲动开关，SQ6 为进给变速冲动开关，SA1 为冷却泵选择开关，SA2 为主轴上刀制动开关，SA3 为圆工作台转换开关，SA4 为主轴电动机转向预选开关，SA5 为冷却泵电动机 M3 开关等。在掌握了各电器用途之后再分析其电气原理图。

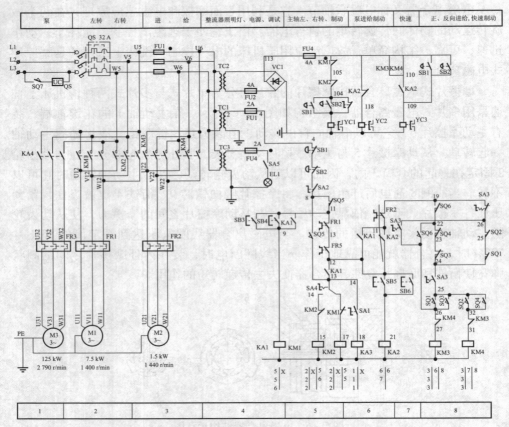

图 5-7 XA6132 卧式万能铣床电气控制原理图

1. 主电路分析

三相交流电源由低压断路器 QS 控制。主轴电动机 M1 由接触器 KM1、KM2 控制实现正反转，由热继电器 FR1 做过载保护。进给电动机 M2 由接触器 KM3、KM4 控制实现正反转，由热继电器 FR2 做过载保护，由熔断器 FU1 做短路保护。冷却泵电动机 M3 容量只有 0.125 kW，由中间继电器 KA3 控制，单向旋转，由热继电器 FR3 做过载保护。整个电气控制电路由低压断路器 QS 做过电流保护、过载保护。

任务三　XA6132 型卧式万能铣床的电气控制分析

2. 控制电路分析

由控制变压器 TC1 将交流 380 V 变成交流 110 V，供给交流控制电路电源，由熔断器 FU2 做短路保护。由整流变压器 TC2 将交流 380 V 变成交流 28 V，再经桥式全波整流成 24 V 直流电，作为磁离合器电路电源，由熔断器 FU3、FU4 做整流桥交流侧、直流侧短路保护。由照明变压器 TC3 将交流 380 V 变成 24 V 交流电压，供局部照明用。

（1）主拖动控制电路分析

① 主轴电动机的启动控制：主轴电动机 M1 由正反转接触器 KM1、KM2 来实现正、反转全压启动，由主轴换向开关 SA4 来预选电动机的正反转。由停止按钮 SB1 或 SB2，启动按钮 SB3 或 SB4 与 KM1、KM2 构成主轴电动机正反转两地操作控制电路。启动时，应将电源引入开关 QS 闭合，再把换向开关 SA4 拨到主轴所需的旋转方向，然后按下启动按钮 SB3 或 SB4，中间继电器 KA1 线圈通电并自锁，触头 KA1（12—13）闭合，使 KM1 或 KM2 线圈通电吸合，其主触头接通主轴电动机，M1 实现全压启动。而 KM1 或 KM2 的一对辅助触头 KM1（104—105）或 KM2（105—106）断开，主轴电动机制动电磁离合器线圈 YC1 电路断开。继电器的另一触头 KA1（20—12）闭合，为工作台的进给与快速移动做好准备。

② 主轴电动机的制动控制：由主轴停止按钮 SB1 或 SB2，正转接触器 KM1 或反转接触器 KM2 以及主轴制动电磁离合器 YC1 构成主轴制动停车控制环节。电磁离合器 YC1 安装在主轴传动链中与主轴电动机相连的第一根传动轴上，主轴停车时，按下 SB1 或 SB2，KM1 或 KM2 线圈断电释放，主轴电动机 M1 断开三相交流电源；同时 YC1 线圈通电，产生磁场，在电磁吸力作用下将摩擦片压紧产生制动，使主轴迅速制动，当松开 SB1 或 SB2 时，YC 线圈断电，摩擦片松开，制动结束。这种制动方式迅速、平稳，制动时间不超过 0.5 s。

③ 主轴上刀换刀时的制动控制：在主轴上刀或更换铣刀时，主轴电动机不得旋转，否则将发生严重人身事故。为此，电路设有主轴上刀制动环节，它由主轴上刀制动开关 SA2 控制。在主轴上刀换刀前，将 SA2 扳到"接通"位置。触头 SA2（7—8）断开，使主轴启动控制电路断电，主轴电动机不能启动旋转；而另一触头 SA2（106—107）闭合，接通主轴制动电磁离合器 YC1 线圈，使主轴处于制动状态。上刀换刀结束后，再将 SA2 扳至"断开"位置，触头 SA2（106—107）断开，解除主轴制动状态，同时，触头 SA2（7—8）闭合，为主电动机启动做准备。

④ 主轴变速冲动控制：主轴变速操纵箱装在床身左侧窗口上，变换主轴转速的操作顺序如下（结构可参见图 5—5）：

● 将主轴变速手柄 12 压下，使手柄的榫块自槽中滑出，然后拉动手柄，使榫块落到第二道槽内为止。

- 转动变速刻度盘11，把所需转速对准指针。
- 把手柄推回原来位置，使榫块落进槽内。

在将变速手柄推回原位置时，将瞬间压下主轴变速行程开关SQ5，使触头SQ5（8—13）闭合，触头SQ5（8—10）断开。于是KM1线圈瞬间通电吸合。其主触头瞬间接通主轴电动机做瞬时点动，利于齿轮啮合，当变速手柄榫块落入槽内时SQ5不再受压，触头SQ5（8—13）断开，切断主轴电动机瞬时点动电路，主轴变速冲动结束。

主轴变速行程开关SQ5的触头SQ5（8—10）是为主轴旋转时进行变速而设的，此时无需按下主轴停止按钮，只需将主轴变速手柄拉出，压下SQ5，使触头SQ5（8—10）断开，于是断开了主轴电动机的正转或反转接触器线圈电路，电动机自然停车，尔后再进行主轴变速操作，电动机进行变速冲动，完成变速。变速完成后尚需再次启动电动机，主轴将在新选择的转速下启动旋转。

（2）进给拖动控制电路分析

工作台进给方向的左右纵向运动，前后的横向运动和上下的垂直运动，都是由进给电动机M2的正反转来实现的。而正、反转接触器KM3、KM4是由行程开关SQ1、SQ3与SQ2、SQ4来控制的，行程开关又是由两个机械操作手柄控制的。这两个机械操作手柄，一个是纵向机械操作手柄，另一个是垂直与横向操作手柄。扳动机械操作手柄，在完成相应的机械挂挡同时，压合相应的行程开关，从而接通接触器，启动进给电动机，拖动工作台按预定方向运动。在工作进给时，由于快速移动继电器KA2线圈处于断电状态，而进给移动电磁离合器YC2线圈通电，工作台的运动是工作进给。

纵向机械操作手柄有左、中、右三个位置，垂直与横向机械操作手柄有上、下、前、后、中5个位置。SQ1、SQ2为与纵向机械操作手柄有机械联系的行程开关；SQ3、SQ4为与垂直、横向操作手柄有机械联系的行程开关。当这两个机械操作手柄处于中间位置时，SQ1—SQ4都处在未被压下的原始状态，当扳动机械操作手柄时，将压下相应的行程开关。

SA3为圆工作台转换开关，其有"接通"与"断开"两个位置，三对触头。当不需要圆工作台时，SA3置于"断开"位置，此时触头SA3（24—25），SA3（28—19）闭合，SA3（28—26）断开。当使用圆工作台时，SA3置于"接通"位置，此时SA3（24—25）、SA3（19—28）断开，SA3（28—26）闭合。

在启动进给电动机之前，应先启动主轴电动机，即合上电源开关QS，按下主轴启动按钮SB3或SB4，中间继电器KA1线圈通电并自锁，其触头KA1（20—12）闭合，为启动进给电动机做准备。

① 工作台纵向进给运动的控制：若需工作台向右工作进给，将纵向进给操作手柄扳向右侧，在机械上通过联动机构接通纵向进给离合器，在电气上压下行程开关SQ1，触头SQ1（25—26）闭合，SQ1（29—24）断开，后者切断通往

任务三　XA6132型卧式万能铣床的电气控制分析

KM3、KM4的另一条通路，前者使进给电动机M2的接触器KM3线圈通电吸合，M2正向启动旋转，拖动工作台向右工作进给。向右工作进给结束，将纵向进给操作手柄由右位扳到中间位置，行程开关SQ1不再受压，触头SQ1（25—26）断开，KM3线圈断电释放，M2停转，工作台向右进给停止。

工作台向左进给的电路与向右进给时相仿。此时是将纵向进给操作手柄扳向左侧，在机械挂挡的同时，电气上压下的是行程开关SQ2，反转接触器KM4线圈通电，进给电动机反转，拖动工作台向左进给，当将纵向操作手柄由左侧扳回中间位置时，向左进给结束。

② 工作台向前与向下进给运动的控制：将垂直与横向进给操作手柄扳到"向前"位置，在机械上接通了横向进给离合器，在电气上压下行程开关SQ3，触头SQ3（25—26）闭合，SQ3（23—24）断开，正转接触器KM3线圈通电吸合，进给电动机M2正向转动，拖动工作台向前进给。向前进给结束，将垂直与横向进给操作手柄扳回中间位置，SQ3不再受压，KM3线圈断电释放，M2停止旋转，工作台向前进给停止。

工作台向下进给电路工作情况与"向前"时完全相同，只是将垂直与横向操作手柄扳到"向下"位置，在机械上接通垂直进给离合器，电气上仍压下行程开关SQ3，KM3线圈通电吸合，M2正转，拖动工作台向下进给。

③ 工作台向后与向上进给的控制：电路情况与向前和向下进给运动的控制相仿，只是将垂直与横向操作手柄扳到"向后"或"向上"位置，在机械上接通垂直或横向进给离合器，电气上都是压下行程开关SQ4，反向接触器KM4线圈通电吸合，进给电动机M2反向启动旋转，拖动工作台实现向后或向上的进给运动。当操作手柄扳回中间位置时，进给结束。

④ 进给变速冲动控制：进给变速冲动只有在主轴启动后，纵向进给操作手柄，垂直与横向操作手柄均置于中间位置时才可进行。

进给变速箱是一个独立部件，装在升降台的左边，进给速度的变换是由进给操纵箱来控制的，进给操纵箱位于进给变速箱前方。进给变速的操作顺序是：

- 将蘑菇形手柄拉出。
- 转动手柄，把刻度盘上所需的进给速度值对准指针。
- 把蘑菇形手柄向前拉到极限位置，此时借变速孔盘推压行程开关SQ6。
- 将蘑菇形手柄推回原位，此时SQ6不再受压。

就在蘑菇形手柄已向前拉到极限位置，且没有被反向推回之时，SQ6压下，触头SQ6（22—26）闭合，SQ6（19—22）断开。此时，正向接触器KM3线圈瞬时通电吸合，进给电动机瞬时正向旋转，获得变速冲动。如果一次瞬间点动时齿轮仍未进入啮合状态，此时变速手柄不能复原，可再次拉出手柄并再次推回，实现再次瞬间点动，直到齿轮啮合为止。

⑤ 进给方向快速移动的控制：进给方向的快速移动是由电磁离合器改变传

动链来获得的。先开动主轴,将进给操作手柄扳到所需移动方向对应的位置,则工作台按操作手柄选择的方向以选定的进给速度做工作进给。此时如按下快速移动按钮 SB5 或 SB6,接通快速移动继电器 KA2 电路,KA2 线圈通电吸合,触头 KA2(104—108)断开,切断工作进给电磁离合器 YC2 线圈电路,而触头 KA2(110—109)闭合,快速移动电磁离合器 YC3 线圈通电,工作台按原运动方向做快速移动。松开 SB5 或 SB6,快速移动立即停止,仍以原进给速度继续进给,所以,快速移动为点动控制。

(3) 圆工作台的控制

圆工作台的回转运动是由进给电动机经传动机构驱动的,使用圆工作台时,首先把圆工作台转换开关 SA3 扳到"接通"位置。按下主轴启动按钮 SB3 或 SB4,KA1、KM1 或 KM2 线圈通电吸合,主轴电动机启动旋转。接触器 KM3 线圈经 SQ1~SQ4 行程开关常闭触头和 SA3(28—26)触头通电吸合,进给电动机启动旋转,拖动圆工作台单向回转。此时工作台进给两个机械操作手柄均处于中间位置。工作台不动,只拖动圆工作台回转。

(4) 冷却泵和机床照明的控制

冷却泵电动机 M3 通常在铣削加工时由冷却泵转换开关 SA1 控制,当 SA1 扳到"接通"位置时,冷却泵启动继电器 KA3 线圈通电吸合,M3 启动旋转,并由热继电器 FB3 做长期过载保护。

机床照明由照明变压器 TC3 供给 24 V 安全电压,并由控制开关 SA5 控制照明灯 EL1。

(5) 控制电路的连锁与保护

XA6132 型万能铣床运动较多,电气控制线路较为复杂,为安全可靠地工作,电路应具有完善的连锁与保护。

① 主运动与进给运动的顺序连锁:进给电气控制电路接在中间继电器 KA1 触头 KA1(20—12)之后,这就保证了只有在启动主轴电动机之后才可启动进给电动机,而当主轴电动机停止时,进给电动机也立即停止。

② 工作台 6 个运动方向的连锁:铣床工作时,只允许工作台一个方向运动。为此,工作台上下、左右、前后 6 个方向之间都有连锁。其中工作台纵向操作手柄实现工作台左右运动方向的连锁;垂直与横向操作手柄实现上下前后 4 个方向的连锁,但关键在于如何实现这两个操作手柄之间的连锁,对此电路设计成:接线点 22—24 之间由 SQ3、SQ4 常闭触头串联组成,28—24 之间由 SQ1、SQ2 常闭触头串联组成,然后在 24 号点并接后串于 KM3、KM4 线圈电路中,以控制进给电动机正反转。这样,当扳动纵向操作手柄时,SQ1 或 SQ2 行程开关压下,断开 28—24 支路,但 KM3 或 KM4 仍可经 22—24 支路供电。若此时再扳动垂直与横向操作手柄,又将 SQ3 或 SQ4 行程开关压下,将 22—24 支路断开,使 KM3 或 KM4 电路断开,进给电动机无法启动,从而实现了工作台 6 个方向之间的连锁。

③ 长工作台与圆工作的连锁：圆形工作台的运动必须与长工作台 6 个方向的运动有可靠的连锁，否则将造成刀具与机床的损坏。这里由选择开关 SA3 来实现其相互间的连锁，当使用圆工作台时，选择开关 SA3 置于"接通"位置，此时触头 SA3（24—25）、SA3（19—28）断开，SA3（28—26）闭合。进给电动机启动接触器 KM3 经由 SQ1~SQ4 常闭触头串联电路接通，若此时又操作纵向或垂直与横向进给操作手柄，将压下 SQ1~SQ4 行程开关的某一个，于是断开了 KM3 线圈电路，进给电动机立即停止，圆工作台也停止了运动。

若长工作台正在运动，扳动圆工作台选择开关 SA3 于"接通"位置，此时触头 SA3（24—25）断开，于是断开了 KM3 或 KM4 线圈电路，进给电动机也立即停止，长工作台也停止了运动。

④ 工作台进给运动与快速运动的连锁：工作台工作进给与快速移动分别由电磁离合器 YC2 与 YC3 传动，而 YC2 与 YC3 是由快速进给继电器 KA2 控制，利用 KA2 的常开触头与常闭触头实现工作台工作进给与快速运动的连锁。

⑤ 具有完善的保护
- 熔断器 FU1、FU2、FU3、FU4、FU5 实现相应电路的短路保护。
- 热继电器 FR1、FR2、FR3 实现相应电动机的长期过载保护。
- 断路器 QS 实现整个电路的过电流、欠电压等保护。
- 工作台 6 个运动方向的限位保护采用机械与电气相配合的方法来实现，当工作台左、右运动到预定位置时，安装在工作台前方的挡铁将撞动纵向操作手柄，使其从左位或右位返回到中间位置，使工作台停止，实现工作台左右运动的限位保护。

在铣床床身导轨旁设置了上、下两块挡铁，当升降台上下运动到一定位置时，挡铁撞动垂直与横向操作手柄，使其回到中间位置，实现工作台垂直运动的限位保护。

工作台横向运动的限位保护由安装在工作台左侧底部挡铁来撞动垂直与横向操作手柄，使其回到中间位置，实现工作台垂直运动的限位保护。
- 打开电气控制箱门断电的保护：在机床左壁龛上安装了行程开关 SQ7，SQ7 常开触头与断路器 QS 失压线圈串联，当打开控制箱门时 SQ7 触头断开，使断路器 QS 失压线圈断电，QS 跳闸，达到开门断电目的。

五、XA6132 型卧式万能铣床电气控制特点及常见故障分析

1. XA6132 型卧式万能铣床电气控制特点

（1）采用电磁离合器的传动装置，实现主轴电动机的停车制动和主轴上刀时的制动，以及对工作台工作进给和快速进给的控制。

（2）主轴变速与进给变速均设有变速冲动环节。

（3）进给电动机的控制采用机械挂挡—电气开关联动的手柄操作，而且操

作手柄扳动方向与工作台运动方向一致，具有运动方向的直观性。

（4）工作台上下、左右、前后6个方向的运动具有连锁保护。

2. 常见故障分析

（1）主轴停车制动效果不明显或无制动。从工作原理分析，当主轴电动机M1启动时，因KM1或KM2接触器通电吸合，使电磁离合器的YC1线圈处于断电状态，当主轴停车时，KM1或KM2线圈断电释放，主轴电动机断开电源，同时YC1线圈经停止按钮SB1或SB2常开触头接通而接通直流电源，产生磁场，在电磁吸力作用下将摩擦片压紧产生制动效果。若主轴制动效果不明显通常是按下停止按钮时间太短，松手过早之故。若主轴无制动，有可能没将停止按钮按到底，致使YC1线圈无法通电，而无制动。若并非此原因，则可能是整流后直流输出电压偏低，磁场弱，制动力小引起制动效果差，若主轴无制动也可能是由YC1线圈断线而造成的。

（2）主轴变速与进给变速时无变速冲动。出现此种故障，多因操作变速手柄压合不上主轴变速开关SQ5或压合不上进给变速开关SQ6之故，造成的原因主要是开关松动或开关移位所致，做相应的处理即可。

（3）工作台控制电路的故障。这部分电路故障较多，如工作台能向左、向右运动，但无垂直与横向运动。这表明进给电动机M2与KM3、KM4接触器运行正常。但操作垂直与横向手柄却无运动，这可能是手柄扳动后压合不上行程开关SQ3或SQ4；也可能是SQ1或SQ2在纵向操作手柄扳回中间位置时不能复原。有时，进给变速冲动开关SQ6损坏，其常闭触头SQ6（19—22）闭合不上，也会出现上述故障。

至于其他故障，在此不一一列举。

任务四　T68型卧式镗床的电气控制分析

镗床是一种精密的加工机床，主要用于加工精确度高的孔，以及各孔间距离要求较为精确的零件，如主轴箱、变速箱等。由于镗床刚性好，其可动部分在导轨上活动间隙小，还可附加支承，故能满足上述要求。

镗床除镗孔外，在万能镗床上还可以钻孔、绞孔、扩孔；用镗轴或平旋盘铣削平面；加上车螺纹附件后，还可以车削螺纹；装上平旋盘刀架还可加工大的孔径，端面和外圆。因此，镗床加工范围广，调速范围大，运动部件多。

按用途不同，镗床可分为卧式镗床、立式镗床、坐标镗床、金刚镗床和专门化镗床等。本节以常用的卧式镗床为例进行分析。

一、T68型卧式镗床的主要结构和运动形式

图5-8为T68型卧式镗床结构示意图。卧式镗床主要由床身、前立柱、镗

任务四　T68型卧式镗床的电气控制分析

头架、后立柱、尾座、下溜板、上溜板和工作台等部分组成。床身是一个整体的铸件，在它的一端固定有前立柱，在前立柱的垂直导轨上装有镗头架，并由悬挂在前立柱空心部分内的对重来平衡，镗头架可沿导轨垂直移动。镗头架上装有主轴部件、主轴变速箱、进给箱与操纵机构等部件。切削刀具固定在镗轴前端的锥形孔里，或装在平旋盘上的刀具溜板上。在镗削加工时，镗轴一面旋转，一面沿轴向做进给运动。平旋盘只能旋转，装在其上的刀具溜板做径向进给运动。平旋盘主轴为空心轴，镗轴穿过其中空部分，经由各自的传动链传动。因此镗轴和平旋盘可独自旋转也可以不同的转速同时旋转。但一般情况都使用镗轴，只有当用车刀切削端面时才使用平旋盘。

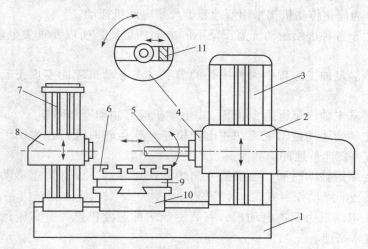

图5-8　T68型卧式镗床结构示意图
1—床身；2—镗头架；3—前立柱；4—平旋盘；5—镗轴；6—工作台；7—后立柱；
8—尾座；9—上溜板；10—下溜板；11—刀具溜板

在床身的另一端装有后立柱，后立柱可沿床身导轨在镗轴轴线方向调整位置。在后立柱导轨上安放有尾座，用来支撑镗轴的末端，尾座与镗头架同时升降，保证两者的轴心在同一水平线上。安装工件的工作台安放在床身中部的导轨上，它由下溜板、上溜板与可转动的工作台组成，下溜板可沿床身导轨做纵向运动，上溜板可沿下溜板的导轨做横向运动，工作台相对于上溜板可做回转运动。

由此可知，卧式镗床的运动形式有：

（1）主运动：镗轴和平旋盘的旋转运动。

（2）进给运动：镗轴的轴向进给，平旋盘刀具溜板的径向进给，镗头架的垂直进给，工作台的纵向进给和横向进给。

（3）辅助运动：工作台的回转，后立柱的轴向移动，尾座的垂直移动及各部分的快速移动等。

二、T68 型卧式镗床的电力拖动特点和控制要求

镗床加工范围广，运动部件多，调速范围广，而进给运动直接影响切削量，切削量又与主轴转速、刀具、工件材料、加工精度等有关，所以一般卧式镗床主运动与进给运动由一台主轴电动机拖动，由各自传动链传动。为缩短辅助时间，镗头架、工作台除工作进给外，还应有快速移动。为此，由另一台快速电动机拖动。

T68 型卧式镗床控制要求是：

（1）主轴旋转与进给量都有较大的调速范围，主运动与进给运动由一台电动机拖动，为简化传动机构采用双速笼型异步电动机拖动。

（2）由于各种进给运动都需正反不同方向的运转，所以要求主电动机能正、反转。

（3）为满足加工过程中调整工作的需要，主电动机应能实现正、反转的点动控制。

（4）要求主轴停车迅速、准确，主电动机应有制动停车环节。

（5）主轴变速和进给变速在主电动机停车或运转时进行。为便于变速时齿轮啮合，应有变速低速冲动。

（6）为缩短辅助时间，各进给方向均能快速移动，设有快速移动电动机且采用正、反转的点动控制方式。

（7）主电动机为双速电动机，有高、低两种速度供选择，高速运转时应先经低速再进入高速。

（8）由于卧式镗床运动部件多，应有必要的连锁和保护环节。

三、T68 型卧式镗床电气控制电路分析

图 5-9 为 T68 型卧式镗床电气控制原理图。

1. 主电路分析

三相交流电源经低压断路器 QS 引入，M1 为主电动机，由接触器 KM1、KM2 控制其正、反转；KM6 控制 M1 低速运转（定子绕组接成三角形，为 4 极）；KM7、KM8 控制 M1 高速运转（定子绕组接成双星形，为 2 极）；KM3 控制 M1 的反接制动电阻，由热继电器 FR 实现过载保护。M2 为快速移动电动机，由接触器 KM4、KM5 控制其正反转，M2 为短时运行，因此，不需过载保护。低压断路器 QS 对整个电路实现过电流保护与过载保护。

2. 控制电路分析

由控制变压器 TC 供给 110 V 控制电路电压、36 V 局部照明电路电压及 6.3 V 指示电路电压。

（1）M1 主电动机的点动控制。由主电动机正、反转接触器 KM1、KM2，

任务四 T68型卧式镗床的电气控制分析

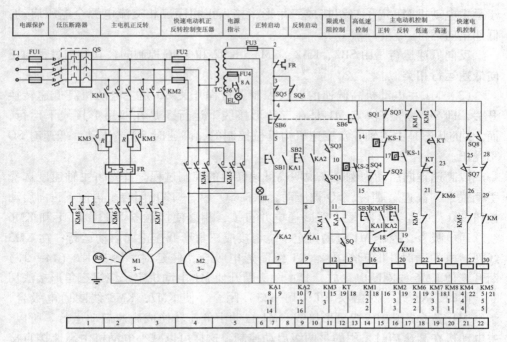

图5-9 T68型卧式镗床电气控制原理图

正、反转点动按钮SB3、SB4组成M1电动机正、反转控制电路。

以正向点动为例，合上电源开关SQ，按下SB3按钮，KM1线圈通电，KM1主触头接通三相交流正相序电源，触头KM1（4—14）闭合，KM6的线圈通电，电动机M1定子绕组接成三角形，串入电阻只低速启动。由于接触器KM1、KM6都不能自锁，故为点动，当松开SB3按钮时，KM1、KM6线圈相继断电释放，主电动机M1断开三相交流电源而停车。

反向点动，由SB4、KM2和KM6控制，原理与正向点动相同。

（2）M1主电动机的正反转控制。M1主电动机正反转由正反转启动按钮SB1、SB2操作，由正反转中间继电器KA1、KA2及正反转接触器KM1、KM2来控制的，并通过接触器KM3、KM6、KM7、KM8来配合完成。

主电动机启动前，主轴变速与进给变速均已完成，即主轴变速与进给变速手柄已置于推合位置，此时行程开关SQ1、SQ3被压下，触头SQ1（10—11），SQ3（5—10）闭合。当选择M1低速运转时，将主轴速度选择手柄置于"低速"挡位，此时，经速度选择手柄联动机构使高低速行程开关SQ处于释放状态，其触头SQ（12—13）断开。

按下正转启动按钮SB1，KA1线圈通电并自锁，触头KA1（11—12）闭合，使接触器KM3线圈通电吸合；触头KM3（5—18）与KA1（15—18）闭合，使接触器KM1线圈通电吸合，触头KM1（4—14）闭合又使KM6线圈通电吸合。

于是主电动机 M1 定子绕组接成三角形，接入正相序三相交流电源全电压启动，低速正向运行。

反向低速运行是由 SB2、KA2、KM3、KM2 和 KM6 控制的，其控制过程与正向低速运行相类似。

(3) M1 主电动机高低速的转换控制。行程开关 SQ 是主电动机高低速转换开关，即 SQ 的状态决定 M1 是在三角形接线下运行还是在双星形接线下运行，而 SQ 的状态是由主轴孔盘变速机构机械控制的，高速时 SQ 被压动，低速时 SQ 不受压。

以高速正向启动为例，来说明高低速转换的控制过程。首先将主轴速度选择手柄置于"高速"档位，SQ 被压动，触头 SQ (12—13) 闭合。再按下正向启动按钮 SB1，中间继电器 KA1 线圈通电并自锁，相继使接触器 KM3、KM1 和 KM6 线圈通电吸合，控制 M1 电动机定子绕组接成三角形低速正向启动运行；在 KM3 线圈通电的同时，时间继电器 KT 线圈通电吸合，经延时，触头 KT (14—21) 断开，使 KM6 线圈断电释放，其主触头断开使 M1 电动机定子绕组三角形接法切断；同时，KT 另一对触头 KT (14—23) 闭合，使 KM7、KM8 线圈通电吸合，于是 M1 定子绕组接成双星形接线，M1 自动由低速转换成高速启动运行。所以，主电动机在高速挡时采用的是两级启动控制，这样可以减小电动机由高速挡直接启动带来的冲击电流。

M1 电动机高速挡反向启动，是由 SB2、KA2、KM3、KT、KM2、KM6 和 KM7、KM8 控制的，其控制过程与高速挡正向启动运行相似。

(4) M1 主电动机的停车制动控制。停止按钮 SB6、速度继电器、接触器 KM1 和 KM2 组成了主电动机正、反向反接制动控制电路。下面以主电动机 M1 正向运行时的停车反接制动为例进行说明。

M1 处于正向低速运行，即按下正向启动按钮 SB1，KA1、KM3、KM1 和 KM6 线圈通电吸合，使 M1 以三角形接线低速启动旋转。停车时，按下停止按钮 SB6，使 KA1、KM3、KM1 和 KM6 线圈相继断电释放。由于电动机 M1 正转时速度继电器 KS—1 (14—19) 触头闭合，所以按下 SB6 后，使 KM2 线圈通电吸合并自锁，并使 KM6 线圈仍保持通电吸合。于是 M1 定子绕组仍接成三角形，并串入限流电阻 R 进行反接制动。当速度降至 KS 释放转速时，触头 KS—1 (14—19) 断开，使 KM2 和 KM6 线圈断电释放，反接制动结束。

若 M1 为正向高速运行，即由 KA1、KM3、KM1、KM7、KM8 控制下使 M1 定子绕组接成双星形做高速运行。欲停车时，按下停止按钮 SB6，KA1、KM3、KM1、KT、KM7、KM8 线圈相继断电释放，使 KM2、KM6 线圈通电吸合，此时 M1 定子绕组接成三角形，串入不对称电阻 R 进行反接制动。

M1 主电动机的反向高速或低速运转时的反接制动，与正向的反接制动相似。

(5) 主轴与进给变速的控制。T68 型卧式镗床的主轴变速与进给变速可在停

任务四　T68型卧式镗床的电气控制分析

车时进行,也可在运行中进行。

● **停车时的变速**：由行程开关 SQ1～SQ4、KT、KM1、KM2 和 KM6 组成主轴和进给变速时的低速脉动控制,以利于变速后齿轮的顺利啮合。

下面以主轴变速为例来说明：由于进给运动未进行变速,所以进给变速手柄处于推回位置,进给变速行程开关 SQ3、SQ4 均处于受压状态,触头 SQ3（4—14）、SQ4（17—15）断开。主轴变速时拉出主轴变速手柄,主轴变速行程开关 SQ1、SQ2 不受压,此时触头 SQ1（4—14）、SQ2（17—15）由断开状态变为接通状态,使接触器 KM1 线圈通电并自锁,同时也使 KM6 线圈通电吸合,于是主电动机 M1 串入电阻及低速正向启动旋转,当速度继电器 KS 转速达到 140 r/min 时,正向触头 KS—1（14—17）常闭触头断开,KS—1（14—19）常开触头闭合,前者使 KM1 线圈断电释放,后者使 KM2 线圈通电吸合,而 KM6 线圈仍保持通电吸合状态,于是主电动机 M1 进行反接制动,使电动机转速迅速下降,当速度继电器转速降到 100 r/min 时,KS 便释放,使触头复原,于是 KS—1（14—17）常闭触头由断开变为接通,KS—1（14—19）常开触头由接通变为断开,使接触器 KM2 线圈断电释放,KM1 线圈通电吸合,KM6 线圈仍通电吸合,主电动机又向低速启动。

由上述分析可知：当主轴变速手柄拉出时,M1 正向低速启动,当转速超过 140 r/min 时,又转成反接制动,使电动机转速迅速下降,当降到 100 r/min 时,电动机又低速启动,如此反复,使电动机转速总在 100～140 r/min 之间运行,实现连续低速冲动,以利于齿轮的啮合。当主轴变速完成,将主轴变速手柄推回原位,主轴变速开关 SQ1、SQ2 压下,使 SQ1（4—14）、SQ2（17—15）常闭触头断开,SQ1（10—11）常开触头闭合,则连续低速冲动结束。

进给变速时的连续低速冲动情况与主轴变速相似,但此时拉出进给变速手柄起作用的是进给变速开关 SQ3 与 SQ4。

● **运行中的变速控制**：主轴或进给变速可以在停车状态下进行,也可在运行中进行。下面以主电动机正向高速运行时进行主轴变速为例,来说明运行变速的控制过程。

M1 主电动机在 KA1、KM3、KT、KM1 和 KM7、KM8 控制下做高速运行。此时要进行主轴变速,因此拉出主轴变速手柄,主轴变速行程开关 SQ1、SQ2 不再受压,触头 SQ1（10—11）断开,触头 SQ1（4—14）与 SQ2（17—15）接通,则 KM3、KT、KM1 线圈断电释放,KM2 线圈通电吸合,KM7、KM8 线圈断电释放,KM6 线圈通电吸合。于是 M1 定子绕组由双星形接法改接成三角形接法,串入限流电阻及接入反相序三相交流电源进行正向低速反接制动,使 M1 转速迅速下降,当转速下降到速度继电器 KS 释放转速 100 r/min 时,又由贴控制使 M1 进行正向低速启动,实现连续低速冲动,以利于齿轮的啮合。当变速完成,推回主轴变速手柄时,主轴变速开关 SQ1、SQ2 压下,其常开触头由断开状态变为闭合状态，使KM3、KT和KM1、KM6线圈通电吸合，M1先正向接成三角形接法低速启动，然后在KT控制下自动转为高速运行。

由上述分析可知，所谓运行中变速是指机床拖动系统正在运行中，拉出主轴或进给变速手柄进行变速，此时使主电动机三相定子绕组串入限流电阻及进行反接制动，然后进行连续低速冲动。这样有利于齿轮啮合，待变速完成，将变速手柄推回后又能使主电动机自动启动运转，并使主轴或进给在新的速度下运转。

（6）快速移动控制。主轴箱、工作台或主轴的快速移动，由快速移动手柄操纵并联动SQ7、SQ8行程开关，控制接触器KM4或KM5，进而控制快速移动电动机M2的正反转来实现快速移动。当快速移动手柄置于中间位置，SQ7、SQ8均不被压动，快速移动电机M2处于停转状态。若将快速移动手柄扳到正向位置，行程开关SQ7压下，KM4线圈通电吸合，KM2正转，拖动相应部件正向快速移动。反之，若快速移动手柄扳向反向位置，则SQ8压下，KM5线圈通电吸合，M2反转，拖动相应部件获得反向快速移动。当快速操作手柄扳回中间位置时，SQ7、SQ8均不受压，M2停车，快速移动结束。

（7）连锁与保护环节。T68卧式镗床电气控制电路具有完善的连锁与保护环节。

• 主轴箱或工作台机动进给与主轴机动进给的连锁。为了防止工作台或主轴箱机动进给时出现将主轴或平旋盘刀具溜板也扳到机动进给的误操作，设置了与工作台、主轴箱进给操纵手柄有机械联动的行程开关SQ5，在主轴箱上设置了与主轴、平旋盘刀具溜板进给手柄有机械联动的行程开关SQ6。

当工作台、主轴箱进给操纵手柄扳在机动进给位置时，压下SQ5，其常闭触头SQ5（3—4）断开。若此时又将主轴、平旋盘刀具溜板进给手柄扳在机动进给位置，则压下SQ6，常闭触头SQ6（3—4）断开，于是切断了控制电路电源，使主电动机M1和快速移动电动机M2无法启动，从而避免了由于误操作带来的运动部件相撞事故的发生，实现了主轴箱或工作台与主轴或平旋盘刀具溜板的连锁保护。

• M1主电动机正转与反转之间，高速与低速运行之间，快速移动电动机M2的正转与反转之间均设有互锁控制环节。

• 熔断器FU1～FU4实现相应电路的短路保护；热继电器FR实现主电动机M1的过载保护；由电路采用按钮、接触器或继电器构成的自锁控制环节具有欠电压与零电压保护作用。

3. 辅助电路分析

T68卧式镗床设有36 V安全电压局部照明灯EL，由开关SA手动控制。电路还设有6.3 V电源指示灯HL，表明电路电源电压是否正常。

四、T68 型卧式镗床电气控制特点及常见故障分析

1. 电气控制特点

（1）主电动机 M1 为双速笼型异步电动机，实现机床的主轴旋转和工作进给。低速时由接触器 KM6 控制，将电动机三相定子绕组接成三角形联结；高速时由接触器 KM7、KM8 控制，将电动机三相定子绕组接成双星形联结。高、低速由主轴孔盘变速机构内的行程开关 SQ 控制。选择低速时，电动机为直接启动。高速时，电动机采用先低速启动，再自动转换为高速启动运行的两级启动控制，以减小启动电流的冲击。

（2）主电动机 M1 能正反向点动控制、正反向连续运行，并具有停车反接制动。在点动、反接制动以及变速中的脉动低速旋转时，定子绕组接成三角形接法，电路串入限流电阻 R，以减小启动和反接制动电流。

（3）主轴变速与进给变速可在停车情况下或在运行中进行。变速时，主电动机 M1 定子绕组接成三角形接法，以速度继电器 KS 的 100～140 r/min 的转速连续反复低速运行，以利于齿轮啮合，使变速过程顺利进行。

（4）主轴箱、工作台与主轴、平旋盘刀具溜板由快速移动电动机 M2 拖动实现其快速移动。但它们之间的机动进给设有机械和电气的连锁保护。

2. 常见电气故障分析

T68 型卧式镗床主电动机为双速笼型异步电动机，机械电气连锁配合较多，这里仅侧重于这方面分析其常见故障。

（1）主轴旋转时的实际转速要比主轴变速盘上指示的转速成倍提高或下降。主电动机 M1 的变速是采用电气机械联合变速。主电动机高、低速是由高低速行程开关 SQ 来控制的，低速时 SQ 不受压，高速时 SQ 压下。在安装时，应使 SQ 的动作与变速指示盘上的转速相对应，若 SQ 的动作恰恰相反，就会出现主轴实际转速比变速盘指示转速成倍提高或下降的情况。

（2）主电动机只有低速挡而无高速挡。此故障多为时间继电器 KT 不动作所致，可检查 KT 控制电路，看 KT 线圈是否通电吸合，若已吸合再检查 KT 延时触头动作是否正确及接线是否正确。

思考与练习

1. 分析车床工艺特点？C650 型车床电气控制电路的特点？
2. 在 C650 型车床电气控制原理图中，KA 和 KM3 逻辑相同，它们能相互代替吗？
3. 试述 C650 型车床主轴电动机控制特点及时间继电器 KT 的作用。
4. 在 C650 型车床中，若发生主电动机无反接制动，或反接制动效果差，试

分析故障原因。

5. 在 Z3040 型摇臂钻床电气控制电路中，行程开关 SQ1～SQ4 的作用各是什么？

6. 在 Z3040 型摇臂钻床电气控制电路中，KT 与 YV 各在什么时候通电动作，KT 各触头的作用是什么？

7. 试述 Z3040 型摇臂钻床欲使摇臂向下移动时的操作及电路工作情况。

8. 在 Z3040 型摇臂钻床电气控制电路中，设有哪些连锁与保护环节？

9. 分析 XA6132 型铣床电气控制电路中电磁离合器 YC1、YC2、YC3 的作用是什么？

10. 在 XA6132 型铣床电气控制电路中，行程开关 SQ1～SQ6 的作用各是什么？

11. XA6132 型铣床主轴变速能否在主轴停止或主轴旋转时进行？为什么？

12. XA6132 型铣床进给变速能否在运行中进行？为什么？

13. XA6132 型铣床电气控制具有哪些连锁与保护？为何设有这些连锁与保护？它们是如何实现的？

14. XA6132 型铣床电气控制具有哪些特点？

15. 试述 T68 型卧式铣床主轴高速启动时的操作和电路工作情况。

16. 在 T68 型镗床电气控制电路中行程开关 SQ、SQ1、SQ2、SQ3、SQ4、SQ5、SQ6、SQ7、SQ8 的作用是什么？它们分别安装在何处？各由哪些手柄控制？

17. T68 型镗床是如何实现变速时的连续反复低速冲动的？

18. T68 型镗床主电动机电气控制具有什么特点？

19. T68 型镗床电气控制具有哪些控制特点？

20. 起重机中的提升机构对电力拖动自动控制提出哪些要求？

21. 起重机中的提升机构电动机在提升重物与下放重物时其工作状态如何？它们是如何实现的？

项目六　电气控制系统设计

● **任务描述**

电气控制系统设计包括电气原理图设计和电气工艺设计两部分。电气原理图设计是为满足生产机械及其工艺要求而进行的电气控制电路的设计；电气工艺设计是为电气控制装置的制造、使用、运行及维修的需要而进行的生产施工设计。本任务将讨论电气控制的设计过程和设计中的一些共性问题，也对电气控制装置的施工设计和施工的有关问题进行介绍。

● **方法及步骤**

在熟练掌握电气控制电路基本环节并能够对一般生产机械电气控制电路进行分析的基础上，应进一步学习一般生产机械电气控制系统设计和施工的相关知识，以期全面了解电气控制的内容，也为今后从事电气控制工作打下坚实的基础。

● **相关知识与技能**

任务一　电气控制设计的原则和内容

一、电气控制设计的原则

设计工作的首要问题是树立正确的设计思想以及工程实践的观点，使设计的产品经济、实用、可靠、先进、使用及维修方便等。在电气控制设计中，应遵循以下原则：

（1）最大限度满足生产机械和生产工艺对电气控制的要求，因为这些要求是电气控制设计的依据。因此在设计前，应深入现场进行调查，搜集资料，并与生产过程有关人员、机械部分设计人员、实际操作者多沟通，明确控制要求，共同拟定电气控制方案，协同解决设计中的各种问题，使设计成果满足要求。

（2）在满足控制要求的前提下，力求使电气控制系统简单、经济、合理、便于操作、维修方便、安全可靠，不盲目追求自动化水平和各种控制参数的高指标。

（3）正确、合理地选用电器元件，确保电气控制系统正常工作，同时考虑技术进步，造型美观等。

（4）为适应生产的发展和工艺的改进，设备能力应留有适当余量。

二、电气控制设计的基本内容

电气控制系统设计的基本内容是根据控制要求，设计和编制出电气设备制造和使用维修中必备的图样和资料等。图样常用的有电气原理图、元器件布置图、安装接线图、控制面板图等。资料主要有元器件清单及设备使用说明书等。

电气控制系统设计有电气原理图设计和电气工艺设计两部分，以电力拖动控制设备为例，各部分设计内容如下：

1. 电气原理图设计内容

（1）拟定电气设计任务书，明确设计要求。

（2）选择电力拖动方案和控制方式。

（3）确定电动机类型、型号、容量、转速。

（4）设计电气控制原理图。

（5）选择电器元件，拟定元器件清单。

（6）编写设计计算说明书。

电气原理图是电气控制系统设计的中心环节，是工艺设计和编制其他技术资料的依据。

2. 电气工艺设计内容

（1）根据设计出的电气原理图和选定的电器元件，设计电气设备的总体配置，绘制电气控制系统的总装配图和总接线图。总图应反映出电动机、执行电器、电器柜各组件、操作台布置、电源以及检测元器件的分布情况和各部分之间的接线关系及连接方式，以便总装、调试及日常维护使用。

（2）绘制各组件电器元件布置图与安装接线图，表明各电器元件的安装方式和接线方式。

（3）编写使用维护说明书。

❈ 任务二　电力拖动方案的确定和电动机的选择 ❈

电力拖动形式的选择是电气设计的主要内容之一，也是各部件设计的基础和先决条件。一个电气传动系统一般由电动机、电源装置和控制装置三部分组成，设计时应根据生产机械的负载特性、工艺要求及环境条件和工程技术条件选择电力拖动方案。

一、电力拖动方案的确定

首先根据生产机械结构、运动情况和工艺要求来选择电动机的种类和数量，然后根据各运动部件的调速要求来选择调速方案。在选择电动机调速方案时，应使电动机的调速特性与负载特性相适应，以使电动机获得合理充分的利用。

1. 拖动方式的选择

电力拖动方式有单独拖动与集中拖动两种。电力拖动发展的趋向是电动机接近工作机构，形成多电动机的拖动方式。这样，不仅能缩短机械传动链，提高传动效率，便于实现自动控制，而且也能使总体结构得到简化。所以，应根据工艺要求与结构情况来决定电动机数量。

2. 调速方案的选择

一般生产机械根据生产工艺要求都要求调节转速，不同机械有不同的调速范围和调速精度，为满足不同调速性能，应选用不同的调速方案。如采用机械变速、多速电动机变速和变频调速等。随着交流调速技术的发展，变频调速已成为各种机械设备调速的主流。

3. 电动机调速性质应与负载特性相适应

机械设备的各个工作机构，具有各自不同的负载特性，如机床的主运动为恒功率负载运动，而进给运动为恒转矩负载运动。在选择电动机调速方案时，应使电动机的调速性质与拖动生产机械的负载性质相适应，这样才能使电动机性能得到充分的发挥。如双速笼型异步电动机，当定子绕组由三角形联结改成双星形联结时，转速增加一倍，功率却增加很少，因此适用于恒功率传动；对于低速时为星形联结的双速电动机改接成双星形联结后，转速和功率都增加一倍，而电动机输出的转矩保持不变，因此适用于恒转矩传动。

二、拖动电动机的选择

电动机的选择包括选择电动机的种类、结构形式及各种额定参数。

1. 电动机选择的基本原则

（1）电动机的机械特性应满足生产机械的要求，要与负载的特性相适应。保证运行稳定且具有良好的启动性能和制动性能。

（2）工作过程中电动机容量能得到充分利用，使其温升尽可能达到或接近额定温升值。

（3）电动机结构形式要满足机械设计提出的安装要求，适合周围环境工作条件的要求。

（4）在满足设计要求前提下，优先采用结构简单、价格便宜、使用维护方便的三相异步电动机。

2. 根据生产机械调速要求选择电动机

在一般情况下选用三相笼型异步电动机或双速三相电动机；在既要一般调速又要求启动转矩大的情况下，选用三相绕线型异步电动机；当调速要求高时选用直流电动机或带变频调速的交流电动机来实现。

3. 电动机结构形式的选择

按生产机械不同的工作制相应选择连续工作、短时及断续周期性工作制的电动机。

按安装方式有卧式和立式两种，由拖动生产机械具体拖动情况来决定。

根据不同工作环境选择电动机的防护形式。开启式适用于干燥、清洁的环境；防护式适用于干燥和灰尘不多，没有腐蚀性和爆炸性气体的环境；封闭自扇冷式与他扇冷式用于潮湿、多腐蚀性灰尘、多风雨侵蚀的环境；全封闭式用于浸入水中的环境；隔爆式用于有爆炸危险的环境中。

4. 电动机额定电压的选择

电动机额定电压应与供电电网的供电电源电压一致。一般低压电网电压为 380 V，因此中小型三相异步电动机额定电压为 220/380 V 及 380/660 V 两种。当电动机功率较大时，可选用 3 kV、6 kV 及 10 kV 的高压三相电动机。

5. 电动机额定转速的选择

对于额定功率相同的电动机，额定转速越高，电动机尺寸、重量和成本越低，因此在生产机械所需转速一定的情况下，选用高速电动机较为经济。但由于拖动电动机转速越高，传动机构转速比越大，传动机构越复杂。因此应综合考虑电动机与传动机构两方面的多种因素来确定电动机的额定转速。通常采用较多的是同步转速为 1 500 r/min 的三相异步电动机。

6. 电动机容量的选择

电动机的容量反映了它的负载能力，它与电动机的允许温升和过载能力有关。允许温升是电动机拖动负载时允许的最高温升，与绝缘材料的耐热性能有关；过载能力是电动机所能带最大负载的能力，在直流电动机中受整流条件的限制，在交流电动机中由电动机最大转矩决定。实际上，电动机的额定容量由允许温升决定。

电动机容量的选择方法有两种，一种是分析计算法，另一种是调查统计类比法。

（1）分析计算法。根据生产机械负载图求出其负载平均功率，再按负载平均功率的(1.1~1.6)倍求出初选电动机的额定功率。对于系数的选用，应根据负载变动情况确定。大负载所占分量多时，选较大系数；负载长时间不变或变化不大时，可选最小系数。

（2）统计类比法。对于较为简单、无特殊要求、一般生产机械的电力拖动系统，电动机容量的选择往往采用调查统计类比法。

将各国同类型、先进的机床电动机容量进行统计和分析，从中找出电动机容量与机床主要参数间的关系，再根据我国国情得出相应的计算公式来确定电动机容量。这是一种实用方法。几种典型机床电动机的统计类比法公式如下：

卧式车床 $\qquad P = 36.5D^{1.54}$

立式车床 $\qquad P = 20D^{0.88}$

式中　P——电动机容量（kW）；
　　　D——工件最大直径（m）。

摇臂钻床 $\qquad P = 0.0646D^{1.19}$

式中　D——最大钻孔直径（mm）。

卧式镗床 $\qquad P = 0.004D^{1.7}$

式中　D——镗杆直径（mm）。

当机床的主运动和进给运动由同一台电动机拖动时，则按主运动电动机容量计算。若进给运动由单独一台电动机拖动，并具有快速运动功能时，则电动机容量按快速移动所需容量计算。快速移动运动部件所需电动机容量可根据表 6-1 中所列数据选择。

表 6-1　拖动机床快速运动部件所需电动机容量

机床类型		运动部件	移动速度/ (mm·min^{-1})	所需电动机容量/kW
普通车床	D = 400 mm	溜板	6~9	0.6~1
	D = 600 mm	溜板	4~6	0.8~1.2
	D = 1 000 mm	溜板	3~4	3.2
摇臂钻床	D = (35~75) mm	摇臂	0.5~1.5	1~2.8
升降台铣床		工作台	4~6	0.8~1.2
		升降台	1.5~2	1.2~1.5
龙门铣床		横梁	0.25~0.5	2~4
		横梁上的铣头	1~1.5	1.5~2
		立柱上的铣头	0.5~1	1.5~2

此外，还可通过对长期运行的同类生产机械的电动机容量进行调查，并对机械主要参数、工作条件进行类比，然后再确定电动机的容量。

任务三　电气控制电路设计的一般要求

生产机械电气控制系统是生产机械的重要组成部分，它对生产机械正确、安全可靠地工作起着决定性的作用。为此，必须正确、合理地设计电气控制电路。在设计生产机械电气控制电路图时，除应最大限度地满足生产机械加工工艺的要求和对控制电路电流、电压的要求之外，还需注意应尽量减少控制电路中的电流、电压种类，控制电压应选择标准电压等级。电气控制电路常用的电压等级如表6-2所示。

表 6-2　常用电气控制电路电压等级

控制电路类型		常用的电压值/V	电源设备
较简单的交流电力传动的控制电路	交流	380、220	不用控制电源变压器
较复杂的交流电力传动的控制电路		110（127）、48	采用控制电源变压器
照明及信号指示电路		48、24、6	采用控制电源变压器
直流电力传动的控制电路	直流	220、110	整流器或直流发电机
直流电磁铁及电磁离合器的控制电路		48、24、12	整流器

具体注意事项有以下几个方面。

一、控制电路力求简单、经济

（1）尽量缩短连接导线的长度和导线数量。设计控制电路时，应考虑各电器元件的安装位置，尽可能地减少连接导线的数量，缩短连接导线的长度。在图6-1（a）中的设计方案是合理的，因为按钮一般安装在操作台上，而接触器安装在电气柜中，这样接线需从电气柜中二次引出线，接到操作台的按钮中。而如果采用如图6-1（b）所示接线方式，将启动按钮和停止按钮串接后再与接触器线圈相接，就可减少一根引出线，且停止按钮与启动按钮之间连接导线大大缩短，因此图6-1（b）的设计比较合理。

（2）尽量减少电器元件的品种、数量和规格。同一用途的器件尽可能选用相同品牌、型号的产品，并且电器数量应减少到最低限度。

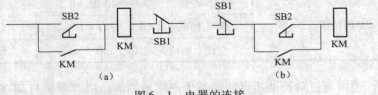

图 6-1　电器的连接
(a) 不合理；(b) 合理

（3）尽量减少电器元件触头的数目。在控制电路中可以通过布尔代数作为工具进行，尽量减少触头数目是为了提高电路运行的可靠性和经济性。在简化和合并触头过程中，主要合并同类性质的触头。一个触头能完成的动作，不用两个触头去完成。但在简化过程中应注意触头的额定容量是否允许，对其他回路有无影响等问题。例如，如图6-2（a）所示各电路可合并成图6-2（b）中相应电路。

（4）尽量减少通电电器的数目。控制电路运行时，尽可能减少通电电器的数目，以利于节能与延长电器元件寿命和减少故障。如图6-3（a）所示电路改接成图10-3（b）电路，就可使时间继电器KT在完成接触器KM2线圈延时通电吸合后，自动切除掉。

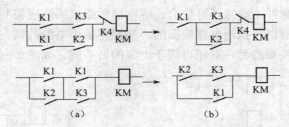

图6-2　触头的简化与合并

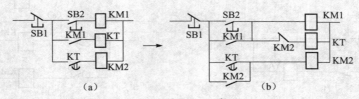

图6-3　减少通电电器

二、确保控制电路工作的安全性和可靠性

（1）正确连接电器的线圈。在交流控制电路中，同时动作的两个电器线圈不能串联，如图6-4（a）所示。即使外加电压是两个线圈额定电压之和，也是不允许的。因为每个线圈上所分配到的电压与线圈阻抗成正比，由于制造上的原因，两个电器总有差异，因此不可能同时吸合。假如KM1先吸合，由于KM1磁路闭合，线圈电感量显著增加，因而在该线圈上的电压也相应增大，从而使另一个接触器KM2的线圈电压达不到动作电压。因此，两个电磁线圈需要同时吸合时其线圈应并联连接，如图6-4（b）所示。

在直流控制电路中，两电感值相差悬殊的直流电压线圈不能并联连接，如图6-5（a）所示。直流电磁铁YA线圈与直流电压继电器KA线圈并联。在接通直流电源时可以正常工作，但在断开直流电源时，由于YA线圈的电感量比KA

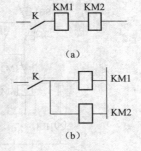

图6-4　线圈的连接
(a) 不正确；(b) 正确

线圈电感量大得多,因此,在断电时,继电器很快释放,但电磁铁线圈产生的自感电动势可能使继电器又吸合,一直到继电器电压再次下降到释放值为止,这就造成了继电器的误动作。为此,可改成如图6-5(b)所示电路。

(2)正确连接电器元件的触头。设计时,应使分布在电路中不同位置的同一电器触头接到电源的同一相上,以避免在电器触头上引起短路故障。如图6-6(a)所示,行程开关SQ的常开、常闭触头分别接在电源的不同电位点上,则当触头断开产生电弧时,如果两触头相距很近,则有可能在两触头之间出现飞弧而造成电源短路。此外,绝缘不好也会造成电源短路。因此应将共用同一电源的所有接触器、继电器以及执行电器线圈的一端钮均接于电源的同一侧,而这些电器的控制触头通过线圈的另一端钮再接于电源的另一侧,如图6-6(b)所示。

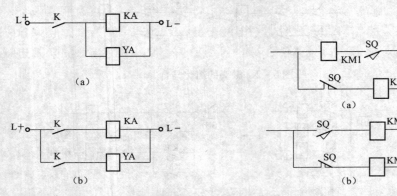

图6-5 电磁铁线圈与继电器线圈的连接
(a)不正确;(b)正确

图6-6 触头的连接
(a)不正确;(b)正确

(3)防止寄生电路。在控制电路的动作过程中,意外接通的电路叫寄生电路。图6-7(a)为一个具有指示灯和热继电器保护的正、反向控制电路。在正

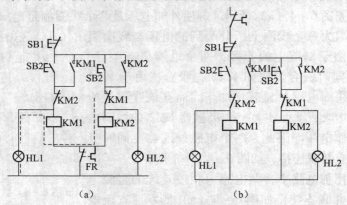

图6-7 防止寄生电路
(a)有寄生电路;(b)无寄生电路

常工作时，能完成正、反向启动、停止和信号指示。但当热继电器 FR 动作时，电路就出现了寄生电路，如图中虚线所示，使正向接触器 KM1 不能可靠释放，起不到保护作用。但如将指示灯与其相应接触器线圈并联，如图 6-7（b）所示就可防止寄生电路的出现。

（4）在控制电路中控制触头应合理布置。当一个电器需在若干个电器接通后方可接通时，切忌用如图 6-8（a）所示电路，因为该电路只要有一对触头接触不良时，就会使电路不能正常工作，若改接为如图 6-8（b）所示电路，则每个电器的接通只需一对触头控制，工作较为可靠，故障检查也较为方便。

（5）在设计控制电路中应考虑继电器触头的接通与分断能力。若容量不够，可在电路中增加中间继电器，或增加电路中触头数目。若需增加接通能力，可用多触头并联；若需增加分断能力，可用多触头串联。

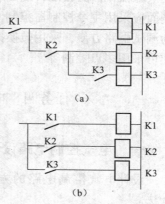

图 6-8 触头的合理布置
(a) 不合理；(b) 合理

（6）避免发生触头"竞争"、"冒险"现象。当控制电路状态发生变换时，常伴随电路中的电器元件的触头状态发生变换。由于电器元件总有一定的固有动作时间，对于一个时序电路来说，往往发生不按时序动作的情况，触头争先吸合，就会得到几个不同的输出状态，这种现象称为电路的"竞争"。而对于开关电路，由于电器元件的释放延时作用，也会出现开关元件不按要求的逻辑功能输出，这种现象称为"冒险"。

"竞争"与"冒险"都会造成控制电路不按要求动作，引起控制失灵。为此，应选用动作时间小的电器，当电器元件的动作时间影响到控制电路动作程序时，可采用时间继电器来配合控制，这样可清晰地反映元件动作时间和它们之间的互相配合，消除"竞争"与"冒险"现象。

（7）采用电气连锁与机械连锁的双重连锁。对频繁操作的可逆控制电路，对正、反向接触器之间不仅采用电气连锁，还要加入机械连锁，以确保电路的安全运行。

三、具有完善的保护环节

电气控制电路在事故情况下，应能保证操作人员、电气设备、生产机械的安全，并能有效地防止事故的扩大。为此，电气控制电路应具有完善的保护环节，常用的有漏电保护、短路、过载、过电流、过电压、欠电压与零电压、弱磁、连锁与限位保护等。必要时还应考虑设置电压正常、安全、事故及各种运行的指示灯，反映电路工作情况。

四、要考虑操作、维修与调试的方便

电气控制电路设计应从操作与维修人员工作出发,力求操作简单、维修方便。如操作回路较多,既要求电动机正反向运转又要求调速时,不宜采用按钮控制而应采用主令控制器控制。为检修电路方便,设置隔离电器,避免带电操作;为调试电路方便,采用转换控制方式,如从自动控制转化为手动控制;为调试方便可采用多点控制等。

❋ 任务四 电气控制电路设计的方法与步骤 ❋

一、电气控制电路设计方法简介

设计电气控制电路的方法有两种,一种是分析设计法,另一种是逻辑设计法。

分析设计法是根据生产工艺的要求选择一些成熟的典型基本环节来实现这些基本要求,而后再逐步完善其功能,并适当配置连锁和保护等环节,使其组合成一个整体,成为满足控制要求的完整电路。这种设计方法比较简单,容易被人们掌握,但是要求设计人员必须掌握和熟悉大量的典型控制环节和控制电路,同时具有丰富的设计经验,故又称为经验设计法,用分析设计法初步设计出的控制电路可能有多种,需认真比较分析,反复修改简化,甚至要通过实验加以验证,才能得出符合设计要求且较为合理的控制电路设计方案。即便如此,采用分析设计法设计出的电路也不一定是最简的,所用的电器元件也不一定为最少的,所得出的方案还会存在改进的余地。

逻辑设计法是利用逻辑代数这一数学工具设计电气控制电路。由于在控制电路中继电器、接触器线圈的通电与断电,触头的闭合与断开,主令元件的接通与断开都是由两个相互对立的物理状态组成的。在逻辑代数中,把这种具有两个对立物理状态的量称为逻辑变量,用逻辑 1 和逻辑 0 来表示这两个对立的物理状态。

在继电接触器控制电路中,把表示触头状态的逻辑变量称为输入逻辑变量,把表示继电器接触器线圈等受控元件的逻辑变量称为输出逻辑变量。输入、输出逻辑变量之间的相互关系称为逻辑函数关系,这种相互关系表明了电气控制电路的结构,所以,根据控制要求,将这些逻辑变量关系写出其逻辑函数关系式,再运用逻辑函数基本公式和运算规律对逻辑函数式进行化简,然后根据化简了的逻辑关系式画出相应的电路结构图,最后再做进一步的检查和优化,以期获得较为完善的设计方案。采用逻辑设计法设计的电路图既符合工艺要求,电路也最简单、工作可靠、经济合理,但其设计过程比较复杂,在生产实际所进行的设备改造中往往采用分析设计法。在此以常用的分析设计法为例说明电气控制电路的设计工作过程。

二、分析设计法的基本步骤

电气控制电路是为整个电气设备和工艺过程服务的，所以在设计前应深入现场收集资料，对生产机械的工作情况做全面的了解，并对正在运行的同类或相接近的生产机械及控制进行调查、分析，综合制定出具体、详细的工艺要求，在征求机械设计人员和现场操作人员意见后，作为电气控制电路设计的依据。分析设计法设计电气控制电路的基本步骤是：

（1）按工艺要求提出的启动、制动、反向和调速等要求设计主电路。

（2）根据所设计出的主电路，设计控制电路的基本环节，即满足设计要求的启动、制动、反向和调速等的基本控制环节。

（3）根据各部分运动要求的配合关系及连锁关系，确定控制参量并设计控制电路的特殊环节。

（4）分析电路工作中可能出现的故障，加入必要的保护环节。

（5）综合审查，仔细检查电气控制电路动作是否正确，关键环节可做必要实验，进一步完善和简化电路。

三、分析设计法设计举例

下面以横梁升降机构的电气控制设计为例来说明分析设计法设计电气控制电路的方法与步骤。

在龙门刨床上装有横梁升降机构，加工工件时，横梁应夹紧在立柱上，当加工工件高低不同时，则横梁应先松开立柱然后沿立柱上下移动，移动到位后，横梁应夹紧在立柱上。所以，横梁的升降由横梁升降电动机拖动，横梁的放松、夹紧动作由夹紧电动机、传动装置与夹紧装置配合来完成。

1. 横梁升降机构的工艺要求

（1）横梁上升时，先使横梁自动放松，当放松到一定程度时，自动转换成向上移动，上升到所需位置后，横梁自动夹紧。即横梁上升时，自动按照先放松横梁—横梁上升—夹紧横梁的顺序进行。

（2）横梁下降时，为防止横梁歪斜，保证加工精度，消除横梁的丝杆与螺母的间隙，横梁下降后应有回升装置。即横梁下降时，自动按照放松横梁—横梁下降—横梁回升—夹紧横梁的顺序进行。

（3）横梁夹紧后，夹紧电动机自动停止转动。

（4）横梁升降应设有上下行程的限位保护，夹紧电动机应设有夹紧力保护。

2. 电气控制电路设计过程

（1）主电路设计

横梁升降机构分别由横梁升降电动机 M1 与横梁夹紧放松电动机 M2 拖动，且两台电动机均为三相笼型异步电动机，均要求实现正反转。因此采用 KM1、KM2、KM3、KM4 四个接触器分别控制 M1 和 M2 的正反转，如图 6-9（a）所示。

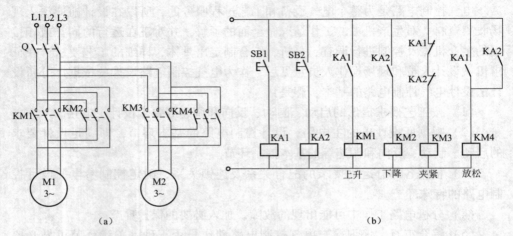

图 6-9 横梁升降电气控制电路设计草图之一
(a) 主电路；(b) 控制电路草图

（2）控制电路基本环节的设计

由于横梁升降为调整运动，故对 M1 采用点动控制，一个点动按钮只能控制一种运动，故用上升点动按钮 SB1 与下降点动按钮 SB2 来控制横梁的升降，但在移动前要求先松开横梁，移动到位松开点动按钮时又要求横梁夹紧，也就是说点动按钮要控制 KM1～KM4 四个接触器，所以引入上升中间继电器 KA1 与下降中间继电器 KA2，再由中间继电器去控制 4 个接触器。于是设计出横梁升降电气控制电路草图之一，如图 6-9 所示，其中图 6-9（b）为控制电路草图。

（3）设计控制电路的特殊环节

① 横梁上升时，必须使夹紧电动机 M2 先工作，将横梁放松后，发出信号，使 M2 停止工作，同时使升降电动机 M1 工作，带动横梁上升。按下上升点动按钮 SB1，中间继电器 KA1 线圈通电吸合，其常开触头闭合，使接触器 KM4 通电吸合，M2 反转启动旋转，横梁开始放松；横梁放松的程度采用行程开关 SQ1 控制，当横梁放松到一定程度时，撞块压下 SQ1，用 SQ1 的常闭触头断开来控制接触器 KM4 线圈的断电，常开触头闭合来控制接触器 KM1 线圈的通电，KM1 的主触头闭合使 M1 正转，横梁开始做上升运动。

② 升降电动机拖动横梁上升至所需位置时，松开上升点动按钮 SB1，中间继电器 KA1、接触器 KM1 线圈相继断电释放，接触器 KM3 线圈通电吸合，使升降电动机停止工作，同时使夹紧电动机开始正转，使横梁夹紧。在夹紧过程中，行

任务四 电气控制电路设计的方法与步骤

程开关 SQ1 复位,因此 KM3 应加自锁触头,当夹紧到一定程度时,发出信号切断夹紧电动机电源。这里采用过电流继电器控制夹紧的程度,即将过电流继电器 KA3 线圈串接在夹紧电动机主电路任一相中。当横梁夹紧时,相当于电动机工作在堵转状态,电动机定子电流增大,将过电流继电器的动作电流整定在两倍额定电流左右;当横梁夹紧后电流继电器动作,其常闭触头将接触器 KM3 线圈电路切断。

③ 横梁的下降仍按先放松再下降的方式控制,但下降结束后需有短时间的回升运动。该回升运动可采用断电延时型时间继电器进行控制。时间继电器 KT 的线圈由下降接触器 KM2 常开触头控制,其断电延时断开的常开触头与夹紧接触器 X:43 常开触头串联后并接于上升电路中间继电器 KA1 常开触头两端。这样,当横梁下降时,时间继电器 KT 线圈通电吸合,其断电延时断开的常开触头立即闭合,为回升电路工作做好准备。当横梁下降至所需位置时,松开下降点动按钮 SB2。KM2 线圈断电释放,时间继电器 KT 线圈断电,夹紧接触器 KM3 线圈通电吸合,横梁开始夹紧。此时,上升接触器 KM1 线圈通过闭合的时间断电器 KT 常开触头及 KM3 常开触头而通电吸合,横梁开始回升,经一段时间延时,延时断开的常开触头 KT 断开,KM1 线圈断电释放,回升运动结束,而横梁还在继续夹紧,夹紧到一定程度,过电流继电器动作,夹紧运动停止。此时的横梁升降电气控制电路设计草图如图 6-10 所示。

(4) 设计连锁保护环节

如图 6-10 所示电路基本上满足了工艺要求,但在电路中还应加入各种连锁、互锁保护和短路保护环节。

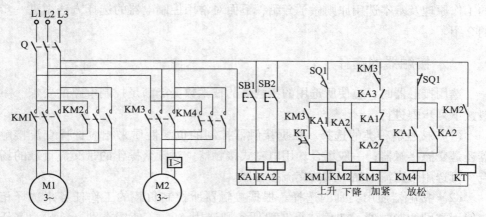

图 6-10 横梁升降电气控制电路设计草图之二

横梁上升限位保护由行程开关 SQ2 来实现;下降限位保护由行程开关 SQ3 来实现;上升与下降的互锁、夹紧与放松的互锁均由中间继电器 KA1 和 KA2 的常闭触头来实现;升降电动机短路保护由熔断器 FU1 来实现;夹紧电动机短路保护由熔断器 FU2 来实现；控制电路的短路保护由熔断器 FU3 来实现。

综合以上保护，就使横梁升降电气控制电路比较完善了，从而得到如图 6-11 所示完整的横梁升降机构控制电路。

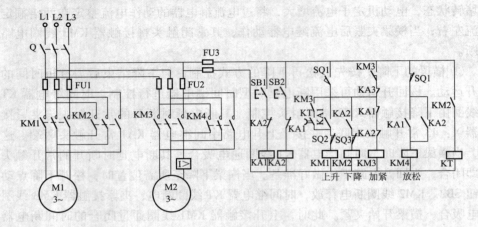

图 6-11　横梁升降机构电气控制电路

※　任务五　常用控制电器的选择　※

在电气控制电路设计完成后，应着手选择各种控制电器，正确合理地选择电器元件是实现控制电路安全、可靠工作的重要保证。前面几章已对常用低压电器的工作原理及基本选用原则做了介绍，下面对常用控制电器的选择方法做进一步的介绍。

一、接触器的选择

选用接触器时，应使所选用的接触器的技术数据能满足控制电路的要求。一般按下列步骤进行：

（1）接触器种类的选择。根据接触器控制的负载性质来相应选择直流接触器还是交流接触器；一般场合选用电磁式接触器，对频繁操作的带交流负载的场合，可选用带直流电磁线圈的交流接触器。

（2）接触器使用类别的选择。根据接触器所控制负载的工作任务来选择相应使用类别的接触器。如负载是一般任务则选用 AC-3 使用类别；负载为重任务则应选用 AC-4 类别，如果负载为一般任务与重任务混合时，则可根据实际情况选用 AC-3 或 AC-4 类接触器，如选用 AC-3 类时，应降级使用。

（3）接触器额定电压的确定。接触器主触头的额定电压应根据主触头所控制负载电路的额定电压来确定。

(4) 接触器额定电流的选择。一般情况下，接触器主触头的额定电流应大于等于负载或电动机的额定电流，计算公式为

$$I_N \geq \frac{P_N \times 10^3}{KU_N}$$

式中 I_N——接触器主触头额定电流（A）；

K——经验系数，一般取 1～1.4；

P_N——被控电动机额定功率（kW）；

U_N——被控电动机额定线电压（V）。

当接触器用于电动机频繁启动、制动或正反转的场合，一般可将其额定电流降一个等级来选用。

(5) 接触器线圈额定电压的确定。接触器线圈的额定电压应等于控制电路的电源电压。为保证安全，一般接触器线圈选用 110 V、127 V，并由控制变压器供电。但如果控制电路比较简单，所用接触器的数量较少时，为省去控制变压器，可选用 380 V、220 V 电压。

(6) 接触器触头数目。在三相交流系统中一般选用三极接触器，即三对常开主触头，当需要同时控制中性线时，则选用四极交流接触器。在单相交流和直流系统中则常用两极或三极并联接触器。交流接触器通常有三对常开主触头和四至六对辅助触头，直流接触器通常有两对常开主触头和四对辅助触头。

(7) 接触器额定操作频率。交、直流接触器额定操作频率一般有 600 次/h、1 200 次/h 等几种，一般说来，额定电流越大，则操作频率越低、可根据实际需要选择。

二、电磁式继电器的选择

继电器是各种控制系统的基础元件，应根据继电器的功能特点、适用性、使用环境、工作制、额定工作电压及额定工作电流来选择。表 6-3 列出了电磁式继电器的类型与用途。

1. 电磁式电压继电器的选择

根据在控制电路中的作用，电压继电器有过电压继电器和欠电压继电器两种类型。由于流电路一般不会出现过电压，故无直流过电压继电器。

表 6-3 电磁式继电器的类型及用途

类　型	动　作　特　点	主　要　用　途
电压继电器	当电路中的电压达到规定值时动作	用于电动机失电压或欠电压保护、制动或反转制动
电流继电器	当电路中通过的电流达到规定值时动作	用于电动机过载与短路保护、直流电动机磁场控制及弱磁保护

续表

类　　型	动　作　特　点	主　要　用　途
中间继电器	当电路中的电压达到规定值时动作	触头数量较多，通过它增加控制回路或起信号放大作用
时间继电器	自得到动作信号起至触头动作有一定延时动作	用于交流电动机，作为以时间为函数启动时切换电阻的加速继电器，笼型电动机的Y－△启动、能耗制动及控制各种生产工艺程序等

交流过电压继电器选择的主要参数是额定电压和动作电压，其动作电压按系统额定电压的1.1～1.2倍整定。

交流欠电压继电器常用一般交流电磁式电压继电器，其选用只要满足一般要求即可，对释放电压值无特殊要求。而直流欠电压继电器吸合电压按其额定电压的0.3～0.5倍整定，释放电压按其额定电压的0.07～0.2倍整定。

2. 电磁式电流继电器的选择

根据负载所要求的保护作用，电流继电器分为过电流继电器和欠电流继电器两种类型。过电流继电器又有交流过电流继电器与直流过电流继电器，但对于欠电流继电器只有直流欠电流继电器，用于直流电动机及电磁吸盘的弱磁保护。

过电流继电器的主要参数是额定电流和动作电流，其额定电流应大于或等于被保护电动机的额定电流；动作电流应根据电动机工作情况按其启动电流的1.1～1.3倍整定。一般绕线型转子异步电动机的启动电流按2.5倍额定电流考虑，笼型异步电动机的启动电流按4～7倍额定电流考虑。直流过电流继电器动作电流按直流电动机额定电流的1.1～3.0倍整定。

欠电流继电器选择的主要参数是额定电流和释放电流，其额定电流应大于或等于直流电动机及电磁吸盘的额定励磁电流；释放电流整定值应低于励磁电路正常工作范围内可能出现的最小励磁电流，一般释放电流按最小励磁电流的0.85倍整定。

3. 电磁式中间继电器的选择

选用中间继电器时，应使线圈的电流种类和电压等级与控制电路一致，同时，触头数量、种类及容量应满足控制电路要求。若一个中间继电器触头数量不够，可将两个中间继电器并联使用，以增加触头数量。

三、热继电器的选择

热继电器主要用于电动机的过载保护，因此应根据电动机的形式、工作环境、启动情况、负载情况、工作制及电动机允许过载能力等综合考虑。选用时应使热继电器的安秒特性位于电动机的过载特性之下,且尽可能接近,这样既可充分发挥电动机的过载能力,又能保证在电动机的短时过载或启动瞬间热继电器不会动作。

1. 热继电器结构形式的选择

对于星形联结的电动机,只要选用正确、调整合理,使用一般不带断相保护的三相热继电器能反映一相断线后的过载,对电动机断相运行能起保护作用。

对于三角形联结的电动机,则应选用带断相保护的三相结构热继电器。

2. 热继电器额定电流的选择

原则上按被保护电动机的额定电流选取热继电器。对于长期正常工作的电动机,热继电器中热元件的整定电流值为电动机额定电流的 0.95~1.05 倍;对于过载能力较差的电动机,热继电器热元件整定电流值为电动机额定电流的 0.6~0.8 倍。

对于不频繁启动的电动机,应保证热继电器在电动机启动过程中不产生误动作,若电动机启动电流不超过其额定电流的 6 倍,并且启动时间不超过 6 s,可按电动机的额定电流来选择热继电器。

对于重复短时工作制的电动机,首先要确定热继电器的允许操作频率,然后再根据电动机的启动时间、启动电流和通电持续率来选择。

四、时间继电器的选择

时间继电器的类型很多,选用时应从以下几方面考虑:

(1) 电流种类和电压等级:电磁阻尼式和空气阻尼式时间继电器,其线圈的电流种类和电压等级应与控制电路的相同;电动机或与晶体管式时间继电器,其电源的电流种类和电压等级应与控制电路的相同。

(2) 延时方式:根据控制电路的要求来选择延时方式,即通电延时型和断电延时型。

(3) 触头形式和数量:根据控制电路要求来选择触头形式(延时闭合型或延时断开型)及触头数量。

(4) 延时精度:电磁阻尼式时间继电器适用于延时精度要求不高的场合,电动机式或晶体管式时间继电器适用于延时精度要求高的场合。

(5) 延时时间:应满足电气控制电路的要求。

(6) 操作频率:时间继电器的操作频率不宜过高,否则会影响其使用寿命,甚至会导致延时动作失调。

五、熔断器的选择

1. 一般熔断器的选择

一般熔断器的选择主要根据熔断器类型、额定电压、额定电流及熔体的额定电流来选择。

(1) 熔断器类型

熔断器类型应根据电路要求、使用场合及安装条件来选择,其保护特性应与被保护对象的过载能力相匹配。对于容量较小的照明和电动机,一般是考虑它们的过载保护,可选用熔体熔化系数小的熔断器,如熔体为铅锡合金的 RC1A 系列熔断器,对于容量较大的照明和电动机,除过载保护外,还应考虑短路时的分断短路电流能力,若短路电流较小时,可选用低分断能力的熔断器,如熔体为锌质的 RM10 系列熔断器,若短路电流较大时,可选用高分断能力的 RL1 系列熔断器,若短路电流相当大时,可选用有限流作用的 RQD 及 RT12 系列熔断器。

(2) 熔断器额定电压和额定电流

熔断器的额定电压应大于或等于线路的工作电压,额定电流应大于或等于所装熔体的额定电流。

(3) 熔断器熔体额定电流

① 对于照明线路或电热设备等没有冲击电流的负载,应选择熔体的额定电流等于或稍大于负载的额定电流,即

$$I_{RN} \geq I_N$$

式中　I_{RN}——熔体额定电流 (A);

　　　I_N——负载额定电流 (A)。

② 对于长期工作的单台电动机,要考虑电动机启动时不应熔断,即

$$I_{RN} \geq (1.5 \sim 2.5)I_N$$

轻载时系数取 1.5,重载时系数取 2.5。

③ 对于频繁启动的单台电动机,在频繁启动时,熔体不应熔断,即

$$I_{RN} \geq (3 \sim 3.5)I_N$$

④ 对于多台电动机长期共用一个熔断器,熔体额定电流为

$$I_{RN} \geq (1.5 \sim 2.5)I_{NM\max} + \sum I_{NM}$$

式中　$I_{NM\max}$——容量最大电动机的额定电流 (A);

　　　$\sum I_{NM}$——除容量最大电动机外,其余电动机额定电流之和 (A)。

(4) 适用于配电系统的熔断器

在配电系统多级熔断器保护中,为防止越级熔断,使上、下级熔断器间有良好的配合,选用熔断器时应使上一级(干线)熔断器的熔体额定电流比下一级(支线)的熔体额定电流大 1~2 个级差。

2. 快速熔断器的选择

(1) 快速熔断器的额定电压:快速熔断器额定电压应大于电源电压,且小于晶闸管的反向峰值电压 UF,因为快速熔断器分断电流的瞬间,最高电弧电压可达电源电压的 1.5~2 倍。因此,整流二极管或晶闸管的反向峰值电压必须大于此电压值才能安全工作。即

$$U_F \geqslant K_1 \sqrt{2} U_{RE}$$

式中　U_F——硅整流元件或晶闸管的反向峰值电压（V）；

　　　U_{RE}——快速熔断器额定电压（V）；

　　　K_1——安全系数，一般取 1.5~2。

（2）快速熔断器的额定电流：快速熔断器的额定电流是以有效值表示的，而整流二极管和晶闸管的额定电流是用平均值表示的。当快速熔断器接入交流侧，熔体的额定电流为

$$I_{RN} \geqslant K_1 I Z_{M\max}$$

式中　$Z_{M\max}$——可能使用的最大整流电流（A）；

　　　K_1——与整流电路形式及导电情况有关的系数，若保护整流二极管时，K_1 按表 6-4 取值；若保护晶闸管时，K_1 按表 6-5 取值。

表 6-4　硅整流元件的整流电路的 K_1 值

整流电路形式	单相半波	单相全波	单相桥式	三相半波	三相桥式	双星形六相
X1	1.57	0.785	1.11	0.575	0.816	0.29

表 6-5　晶体管整流电路在不同导通角时的 K_1 值

晶闸管导通角/（°）		180	150	120	90	60	30
整流电路形式	单相半波	1.57	1.66	1.88	2.22	2.78	3.99
	单相桥式	1.11	1.17	1.33	1.57	1.97	2.82
	三相桥式	0.816	0.828	0.865	1.03	1.29	1.88

当快速熔断器接入整流桥臂时，熔体额定电流为

$$I_{RN} \geqslant 1.5 I_{GN}$$

式中　I_{GN}——硅整流元件或晶闸管的额定电流（A）。

六、开关电器的选择

1. 刀开关的选择

刀开关主要根据使用的场合、电源种类、电压等级、负载容量及所需极数来选择。

（1）根据刀开关在线路中的作用和安装位置选择其结构形式。若用于隔断电源时，选用无灭弧罩的产品；若用于分断负载时，则应选用有灭弧罩，且用杠杆来操作的产品。

（2）根据线路电压和电流来选择。刀开关的额定电压应大于或等于所在线路的额定电压；刀开关额定电流应大于负载的额定电流，当负载为异步电动机

时，其额定电流应取为电动机额定电流的 1.5 倍以上。

(3) 刀开关的极数应与所在电路的极数相同。

2. 组合开关的选择

组合开关主要根据电源种类、电压等级、所需触头数及电动机容量来选择。选择时应掌握以下原则：

(1) 组合开关的通断能力并不是很高，因此不能用它来分断故障电流。对用于控制电动机可逆运行的组合开关，必须在电动机完全停止转动后才允许反方向接通。

(2) 组合开关接线方式有很多种，使用时应根据需要正确选择相应产品。

(3) 组合开关的操作频率不宜太高，一般不宜超过 300 次/h，所控制负载的功率因数也不能低于规定值，否则组合开关要降低容量使用。

(4) 组合开关本身不具备过载、短路和欠电压保护，如需这些保护，必须另设其他保护电器。

3. 低压断路器的选择

低压断路器主要根据保护特性要求、分断能力、电网电压类型及等级、负载电流、操作频率等方面进行选择。

(1) 额定电压和额定电流：低压断路器的额定电压和额定电流应大于或等于线路的额定电压和额定电流。

(2) 热脱扣器：热脱扣器整定电流应与被控制电动机或负载的额定电流一致。

(3) 过电流脱扣器：过电流脱扣器瞬时动作整定电流由下式确定：

$$I_z \geq KI_s \tag{6-1}$$

式中　I_z——瞬时动作整定电流（A）；

　　　I_s——线路中的尖峰电流。若负载是电动机，则 I_s 为启动电流（A）；

　　　K——考虑整定误差和启动电流允许变化的安全系数。当动作时间大于 20 ms 时，取 $K=1.35$；当动作时间小于 20 ms 时，取 $K=1.7$。

(4) 欠电压脱扣器：欠电压脱扣器的额定电压应等于线路的额定电压。

4. 电源开关连锁机构

电源开关连锁机构与相应的断路器和组合开关配套使用，用于接通电源、断开电源和柜门开关连锁，以达到在切断电源后才能打开门，将门关闭好后才能接通电源的效果，实现安全保护。电源开关连锁机构有 DJL 系列和 JDS 系列。

七、控制变压器的选择

控制变压器用于降低控制电路或辅助电路的电压，以保证控制电路的安全可靠。控制变压器主要根据一次和二次电压等级及所需要的变压器容量来选择。

1. 控制变压器一、二次电压应与交流电源电压、控制电路电压与辅助电路电压相符合。

2. 控制变压器容量按下列两种情况计算，依计算容量大者决定控制变压器的容量。

（1）变压器长期运行时，最大工作负载时变压器的容量应大于或等于最大工作负载所需要的功率，计算公式为

$$S_T \geq K_T \sum P_{XC}$$

式中　S_T——控制变压器所需容量（VA）；

$\sum P_{XC}$——控制电路最大负载时工作的电器所需的总功率，其中 P_{XC} 为电磁器件的吸持功率（W）；

K_T——控制变压器容量储备系数，一般取 1.1~1.25。

（2）控制变压器容量应使已吸合的电器在启动其他电器时仍能保持吸合状态，而启动电器也能可靠地吸合，其计算公式为

$$S_T \geq 0.6 \sum P_{XC} + 1.5 \sum P_{ST}$$

式中　$\sum P_{ST}$——同时启动的电器总吸持功率（W）。

八、主令电器的选择

主令电器种类很多，在项目一任务二中已对控制按钮、行程开关、接近开关万能转换开关的选用原则做了介绍，在此不再重复。

❈ 任务六　电气控制的施工设计与施工 ❈

在完成电气控制电路图设计之后，就应着手电气控制的施工设计，即进行电气设备总体配置设计，元器件布置图的设计，电器部件接线图的绘制，编写设计说明书和使用说明书等。

一、电气设备总体配置设计

一台生产机械往往由若干台电动机来拖动，而各台电动机又由许多电器元件来控制，这些电动机与各种电器元件都有一定的装配位置。如电动机与各种执行元件（电磁铁、电磁阀、电磁离合器、电磁吸盘等）及各种检测元件（如行程开关，传感器，温度、压力、速度继电器等）都必须安装在生产机械的相应部位；各种控制电器（如各继电器、接触器、电阻、断路器、控制变压器、放大器）以及各种保护电路（如熔断器、热继电器等）则安放在单独的电器箱内；而各种控制按钮（控制开关、指示灯、指示仪表、需经常调节的电位器等）则安装在控制台的面板上。由于各种电器元件安装位置不同，在构成一个完整的电气控制系统时，必须划分组件，并解决好组件之间，电器箱与被控制装置之间的连线问题。组件的划分原则是：

(1) 将功能类似的元件组成在一起，构成控制面板组件、电气控制盘组件、电源组件等。

(2) 将接线关系密切的电器元件置于在同一组件中，以减少组件之间的连线数量。

(3) 强电与弱电控制相分离，以减少干扰。

(4) 为求整齐美观，将外形尺寸相同、重量相近的电器元件组合在一起。

(5) 为便于检查与调试，将需经常调节、维护和易损元件组合在一起。

电气设备的各部分及组件之间的接线方式通常有：

(1) 电器控制盘、机床电器的进出线一般采用接线端子。

(2) 被控制设备与电气箱之间为便于拆装、搬运，尽可能采用多孔接插件。

(3) 印刷电路板与弱电控制组件之间宜采用各种类型接插件。

总体配置设计是以电气控制的总装配图与总接线图的形式表达出来的，图中是用示意方式反映各部分主要组件的位置和各部分的接线关系、走线方式及使用管线要求。总体设计要使整个系统集中、紧凑；要考虑发热量高和噪声振动大的电气部件，使其离开操作者一定距离；电源紧急控制开关应安放在方便且明显的位置；对于多工位加工的设备，还应考虑采用多处操作等。

二、电气元器件布置图的设计

电气元器件布置图是指将电气元器件按一定原则组合的安装位置图。电气元器件布置的依据是各部件的原理图，同一组件中的电器元件的布置应按国家标准执行。

按国家标准规定：电气柜内电气元器件必须位于维修站台之上 $0.4 \sim 2$ m 的距离。所有器件的接线端子和互连端子，必须位于维修台之上至少 0.2 m 处，以便拆装导线。

安排柜内器件时，必须保留规定的电气间隙和爬电距离，并考虑有关的维修要求。

电柜和壁龛中裸露、无电弧的带电零件与电柜或壁龛导体壁板间应有合适间隙：250 V 以下电压，不小于 15 mm；250～500 V 电压，不小于 25 mm。

电柜内电器的安排如下：

(1) 按照用户技术要求制作的电气装置，至少要留出 10% 面积做备用，以供控制装置改进或局部修改。

(2) 柜门上除安装手动控制开关、信号和测量仪表外，不得安装其他器件。

(3) 将电源电压直接供电的电器安装在一起，且与控制变压器供电的电器分开。

(4) 电源开关应安装在电柜内右上方，其操作手柄应装在电柜前面或侧面。柜内电源开关上方不要安装其他电器，否则，应把电源开关用绝缘材料盖住，以防电击。

遵循上述规定，电柜内的电器可按下述原则布置：

（1）体积大或较重的电器应置于控制柜下方。

（2）发热元件安装在柜的上方，并将发热元件与感温元件隔开。

（3）强电弱电应分开，弱电部分应加屏蔽隔离，以防强电及外界的干扰。

（4）电器的布置应考虑整齐、美观、对称。外形尺寸与结构类似的电器安装在一起，以利加工、安装和配线。

（5）电器元器件间应留有一定间距，以利布线、接线、维修和调整操作。

（6）接线座的布置：用于相邻柜间连接的接线座应布置在柜的两侧；用于与柜外电器元件连接的接线座应布置在柜的下部，且不得低于 200 mm。

一般通过实物排列来确定各电器元件的位置，进而绘制出控制柜的电器布置图。布置图是根据电器元件的外形尺寸按比例绘制，并标明各元件间距尺寸，同时还要标明进出线的数量和导线规格，选择适当的接线端子板和接插件并在其上标明接线号。

三、电气控制装置接线图的绘制

根据电气控制电路图和电器元器件布置图来绘制电气控制装置的接线图。接线图应按以下原则来绘制：

（1）接线图的绘制应符合 GB 6988.3—1997《电气技术用文件的编制第 3 部分：接线图和接线表》中的规定。

（2）电器元器件相对位置与实际安装相对位置一致。

（3）接线图中同一电器元件中各带电部件，如线圈、触头等的绘制采用集中表示法，且在一个细实线方框内。

（4）所有电器元件的文字符号及其接线端钮的线号标注均与电气控制电路图完全相符。

（5）电气接线图一律采用细实线绘制，应清楚表明各电器元件的接线关系和接线去向，其连接关系应与控制电路图完全相符。连接导线的走线方式有板前走线与板后走线两种，一般采用板前走线。对于简单电气控制装置，电器元件数量不多，接线关系较简单，可在接线图中直接画出元件之间的连线。对于复杂的电气装置，电器元件数量多，接线较复杂时，一般采用走线槽走线，此时，只要在各电器元件上标出接线号，不必画出各元件之间的连接线。

（6）接线图中应标明连接导线的型号、规格、截面积及颜色。

（7）进出控制装置的导线，除大截面动力电路导线外，都应经过接线端子板。端子板上各端钮按接线号顺序排列，并将动力线、交流控制线、直流控制线、信号指示线分类排开。

四、电力装备的施工

1. 电气控制柜内的配线施工

（1）不同性质与作用的电路选用不同颜色的导线：交流或直流动力电路用黑色；交流控制电路用红色；直流控制电路用蓝色；连锁控制电路用橘黄色或黄色；与保护导线连接的电路用白色；保护导线用黄绿双色；动力电路中的中线用浅蓝色；备用线应与备用对象电路导线颜色一致。

弱电电路可采用不同颜色的花线，以区别不同电路，颜色自由选择。

（2）所有导线，从一个接线端到另一个接线端必须是连续的，中间不许有接头。

（3）控制柜内电器元件之间的连接线截面积按电路电流大小来选择，一般截面在 $0.5~mm^2$ 以下时应采用独股硬线。

（4）控制柜常用配线方式有板前配线、板后交叉配线与行线槽配线，视控制柜具体情况而定。

2. 电柜外部配线

（1）所用导线皆为中间无接头的绝缘多股硬导线。

（2）电柜外部的全部导线（除有适当保护的电缆线外）一律都要安放在导线通道内，使其有适当的机械保护，具有防水、防铁屑、防尘作用。

（3）导线通道应有一定余量，若用钢管，其管壁厚度应大于 1 mm；若用其他材料，其厚度应具有上述钢管相应的强度。

（4）所有穿管导线，在其两端头必须标明线号，以便查找和维修。

（5）穿行在同一保护管路中的导线束应加入备用导线，其根数按表 6-6 的规定配置。

表 6-6 管中备用线的数量

同一管中同色同截面导线根数	3~10	11~20	21~30	30 以上
备用导线根数	1	2	3	每递增 10 根，增加 1 根

3. 导线截面积的选用

导线截面积应按正常工作条件下流过的最大稳定电流来选择，并考虑环境条件。表 6-7 列出了机床用导线的载流容量，这些数值为正常工作条件下的最大稳定电流。另外还应考虑电动机的启动、电磁线圈吸合及其他电流峰值引起的电压降。为此，表 6-8 中又列出了导线的最小截面积，供选择时考虑。表 6-7 列出的为铜芯导线，若用铝线代替铜线，则表 6-7 中的数值应乘系数 0.78 才为铝线的载流量。

表6-7 机床用导线的载流容量

导线截面积 /mm²	一般机床载流量/A		机床自动线载流量/A	
	在线槽中	在大气中	在线槽中	在大气中
0.198	2.5	2.7	2	2.2
0.283	3.5	3.8	3	3.3
0.5	6	6.5	5	5.5
0.73	9	10	7.5	8.5
1	12	13.5	10	11.5
1.5	15.5	17.5	13	15
2.5	21	24	18	20
4	28	32	24	27
6	36	41	31	34
10	50	57	43	48
16	68	76	58	65
25	89	101	76	86
35	111	125	94	106
50	134	151	114	128
70	171	192	145	163
95	207	232	176	197

表6-8 导线的最小截面积

使用场合	电线		电缆		
	软线	硬线	双芯		三芯或三芯以上
			屏蔽	不屏蔽	
电柜外	1		0.75	0.75	0.75
电柜外频繁运动的机床部件之间的连接	1		1	1	1
电柜外很小电流的电路连接	1		0.3	0.5	0.3
电柜内	0.75		0.75	0.75	0.75
电柜内很小电流的电路连接	0.2	0.2	0.2	0.2	0.2

五、检查、调整与试运行

电气控制装置安装完成后,在投入运行前为了确保安全可靠工作,必须进行认真细致地检查、试验与调整,其主要步骤是:

(1) 检查接线图。在接线前,根据电气控制电路图即原理图,仔细检查接线图是否准确无误,特别要注意线路标号与接线端子板触点标号是否一致。

(2) 检查电器元件。对照电器元件明细表,逐个检查所装电器元件的型号、规格是否相符,产品是否完好无损,特别要注意线圈额定电压是否与工作电压相符,电器元件触头数是否够用等。

(3) 检查接线是否正确。对照电气原理图和电气接线图认真检查接线是否正确。为判断连接导线是否断线或接触是否良好,可在断电情况下借助万用表上的欧姆挡进行检测。

(4) 进行绝缘试验。为确保绝缘可靠,必须进行绝缘试验。试验包括将电容器及线圈短接;将隔离变压器二次侧短路后接地;对于主电路及与主电路相连接的辅助电路,应加载 2.5 kV 的正弦电压有效值历时 1 分钟,试验其能否承受;不与主电路相连接的辅助电路,应在加载 2 倍额定电压的基础上再加 1 kV,且历时 1 分钟,如不被击穿方为合格。

(5) 检查、调整电路动作的正确性。在上述检查通过后,就可通电检查电路动作情况。

通电检查可按控制环节一部分一部分地进行。注意观察各电器的动作顺序是否正确,指示装置指示是否正常。在各部分电路工作完成正确的基础上才可进行整个电路的系统检查。在这个过程中常伴有一些电器元件的调整,如时间继电器、行程开关等。这时,往往需与机修钳工、操作人员协同进行,直至全部符合工艺和设计要求,这时控制系统的设计与安装工作全面完成。

思考与练习

1. 分析如图 6-12 所示电路,电器触头布置是否合理,并加以改进。

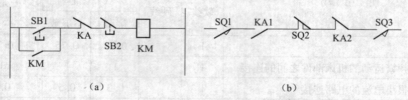

图 6-12 题 1 图

2. 分析如图 6-13 所示各电路工作时有无竞争?

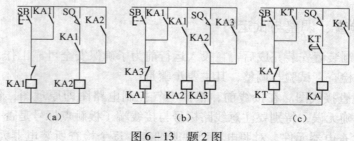

图 6-13 题 2 图

3. 简化如图 6-14 所示控制电路。

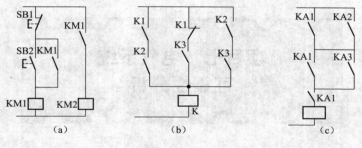

图 6-14 题 3 图

4. 某机床由两台三相笼型异步电动机拖动，对其电气控制有如下要求，试设计主电路与控制电路。

(1) 两台电动机能互不影响地独立控制其启动和停止；

(2) 第一台电动机过载时，只使本机停转；但当第二台电动机过载时，则要求两台电动机同时停转。

5. 某机床由两台三相笼型异步电动机 M1 与 M2 拖动，其电气控制要求如下，试设计出完整的电气控制电路图。

(1) M2 量较大，采用 Y-△ 减压启动，停车有能耗制动；

(2) M2 启动后经 50 s 方允许 M1 接启动；

(3) M1 车制动后方允许 M2 车制动；

(4) 设置必要的电气保护。

6. 一台 10 kW 做空载启动的三相笼型异步电动机，用熔断器做短路保护，试选择熔断器型号和熔体的额定电流等级。

7. 某机床有 3 台三相笼型异步电动机，其容量分别为 4.8 kW、2.8 kW、1.1 kW，采用熔断器做短路保护，试选择总电源熔断器熔体的额定电流等级和熔断器型号。

8. 按习题 7 的要求，选择用作电源总开关的低压断路器型号、规格。

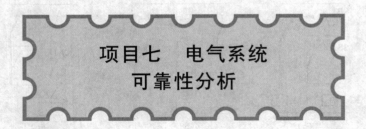

项目七　电气系统可靠性分析

● 任务描述

将可靠性作为一门学问提出来，从而把统计数学理论和方法用于质量控制过程中。朝鲜战争开始以后，美国在战场上使用了当时看来性能先进但结构比较复杂的设备，但故障频繁，这就迫使美国大力开展可靠性研究，因而美国是发展可靠性技术最早的国家，第一个正式机构是电子装置可靠性咨询委员会（AGREE）。1966 年前后，美国陆续制定了军用规格、标准（MIL，MILSTD），成为今日可靠性体系的基础。而后，又完成了从可靠性环境实验到生产过程的全面质量管理。德国发展可靠性工程是从系统可靠性研究开始的，发展了定量的、用统计方法处理的基本原理。从 20 世纪 60 年代起，因空间科学和宇航技术的发展，可靠性研究水平得到进一步提高。现在可靠性研究已成为一门完整的、综合性很强的应用学科。

● 相关知识与技能

第一节　可靠性的基本概念

一、可靠性的定义

可靠性定义：系统在规定条件下，在规定时间内，完成规定功能的能力，叫做可靠性。

可靠性是评价产品质量的最主要指标。评价一个产品的好坏，主要看它的三大要素：可靠性、性能和价格，而可靠性则起着主要的作用。

可靠性和使用条件有很大关系。使用条件包括正常使用条件和偶尔发生的非正常使用条件，例如短路等。使用条件可分为环境条件、操作条件、负载条件。

可靠性与使用时间有关，用得越久可靠度越低。因此讨论产品的可靠性水平时必须明确对应的时间。

可靠性与规定的功能有关，同一产品在相同条件下和同一时间内，丧失不同功能的概率是不同的。因此，规定的功能（称为失效判据）不同可靠度也不同。应当首先关心对应于实际需要的功能的可靠性，必要时可根据失效后果严重程度的不同分别规定对应于不同功能的可靠性要求。

电气控制设备应具备各种功能以满足使用要求。经过正常生产和检验，新出厂的产品是能完成这些功能的，但是实际上经过一段时间的使用以后，有些产品会因丧失某些功能而失效。

产品的功能再好，如果使用后其功能很快就丧失，从实际使用上看是没有多少价值的。

二、研究可靠性的意义

质量是产品的生命，质量是企业的灵魂。近年来，人们逐渐认识到可靠性和可测性的重要性。从经济上和安全方面考虑，一个部件的失效和不能修复，往往损坏整个设备和系统，如一个小小部件的失效，可使火箭发射失败、航天飞机坠毁。不论从国防使用的军工产品上，还是从民用工业、民用商品上，人们现在越来越认识到可靠性的重要性、迫切性和必要性。

为了提高系统的可靠性，人们进行了长期的研究，总结出了两种方法：容错和避错。所谓容错，就是指当系统中某些指定的部件出现故障时，系统仍能完成其规定的功能，并且执行结果不包含系统中的故障所引起的差错。容错的基本思想是在系统中加入冗余资源，来掩蔽故障的影响，从而达到提高系统可靠性的目的。所谓避错，就是试图构造出一个不包含故障的完美系统。要做到这一点，实际上是绝对不可能的。一旦出了故障，则就要通过检测手段来消除故障。

一个系统的可靠性如何，从另一方面讲，就是看测试技术能否及时并准确地发现其内部故障的水平。

三、研究的内容及方法

可靠性与可测性研究的主要内容有：

（1）明确系统在规定时间内完成任务的成功概率，这是可靠性研究的基本目标。

（2）研究失效原因，找出防止和减少失效的方法，并且在失效后及时地通过测试技术来恢复系统工作。

（3）为了达到高可靠性水平，可能会与产品性能、价格发生冲突，因此需要权衡这几方面的关系。

（4）设备在使用阶段的维修性，设备的故障检测与诊断能力，设备是否容易检测，修复失效的时间等。因此，需研究设备可靠性与维修性的最佳组合。

在研究方法上，对于可靠性分析，主要分为可维修和不可维修两大类；对于

项目七 电气系统可靠性分析

可靠性设计,主要是采用可靠度指标分配法、优化法和冗余法来提高可靠性指标。

第二节 可靠性特征与可靠性模型

一、失效率

失效的定义:当电路(或系统)在运行时,偏离了指定的功能,把这种情况叫做电路(或系统)发生失效。

故障的定义:我们把引起失效的一种物理缺陷叫故障。

失效率的定义:工作到某一时刻尚未失效的产品在其后单位时间内发生失效的概率称为失效率 λ:

$$\lambda = \frac{f(t)}{1 - F(t)} \tag{7-1}$$

式中 $F(t)$——在 t 以前发生失效率的累积概率;

$f(t)$——失效分布密度函数。

在 λ 为常数时,由上式可得

$$F(t) = \lambda e^{-\lambda t} \tag{7-2}$$

符合上式的分布称为指数分布。失效率 λ 是指数分布失效常用的可靠性特征量,单位为次/h。

失效后可以通过修复使之恢复功能的产品称为可修复产品,控制装置一般是可修复产品;失效后不能或不值得修复的产品称为不可修复产品,控制电器元件一般为不可修复产品。可修复产品和不可修复产品的可靠性问题有很多不同点。

当可修复产品的失效或自行恢复的失效服从指数分布时,失效率的倒数称为平均无故障工作时间 MTBF (Mean Time Between Failure):

$$MTBF = \frac{1}{\lambda} \tag{7-3}$$

MTBF 也可作为可靠性特征量,表示相邻两次失效的间隔时间的平均值。

二、可靠度与可靠寿命

1. 浴盆曲线

产品在使用过程中不同时期的失效率及其变化趋势是不同的。大概可分为以下三类:

(1) 早期失效:开始使用不久就发生的失效称为早期失效。这种失效主要由于设计、制造上的缺陷,运输、存储不当或选用、使用不正确等原因造成的。早期失效的特点是随时间的增长而减小。

(2) 偶然失效:因各种偶然因素发生的失效称为偶然失效。偶然失效与使

用条件关系很大，偶然失效率与时间无关。

（3）耗损失效：产品使用很久以后由于磨损、老化、疲劳等原因引起的失效称为耗损失效。例如，触点电蚀、零件磨损等，耗损失效随时间的增加而增大。

失效率随时间变化的曲线形状类似浴盆，称为浴盆曲线，如图 7 - 1 所示。

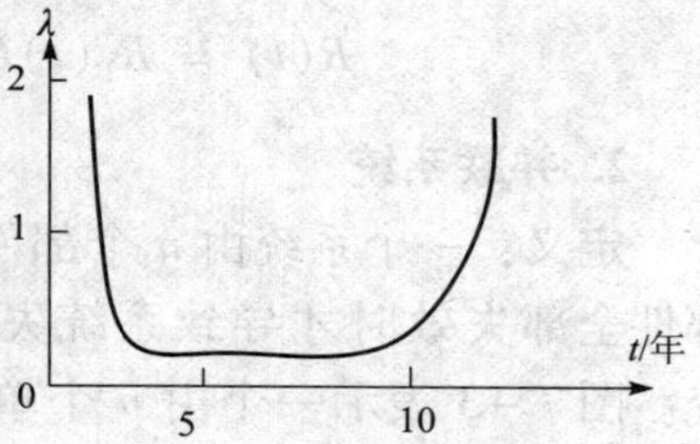

图 7 - 1 浴盆曲线

早期失效和耗损失效的失效率是随时间变化的，控制电器元件的失效率在很多情况下服从下式

$$\lambda(t) = Ct^{m-1} \tag{7-4}$$

当 $m = 1$ 时 λ 是常数，反映偶然失效；
当 $m > 1$ 时 λ 是 t 的增函数，反映耗损失效；
当 $m < 1$ 时 λ 是 t 的减函数，反映早期失效。

2. 可靠度

定义：系统在规定条件和规定时间 t 内，完成指定功能的概率，叫做该系统的可靠度 $R(t)$，可靠度是时间的函数。给定的可靠度所对应的时间称为可靠度寿命。可靠度可表示为

$$R(t) = P\{T > t\} \tag{7-5}$$

式中 T 表示系统正常工作时间这一随机变量。

当把时间 t 作为变量时，系统的可靠度就变为以 t 为变量的可靠度函数 $R(t)$。显然，连续工作时间越长，发生故障的可能性越大，因而可靠度也就愈低，所以可靠度函数是一个递减函数。

产品的可靠性指标必须分配给各组成单元或元件，变成单元或元件的可靠性指标，而后才能估计实现的可能性或采取措施使之实现。可靠性分配必须综合考虑各元件失效后果的严重程度和实现可靠性指标需付出代价的大小。

三、可靠性模型

对系统进行可靠性分析，是通过建立可靠性数学模型来实现的。在以下的各模型中，均假定第 i 个单元的可靠度为 $R_i(t)$，$i = 1, 2, \cdots, n$，且各单元之间是相互独立的。

1. 串联系统

定义：把组成系统中任一单元失效均导致系统失效的系统叫做串联系统。图 7 - 2 表示一个由 n 个单元组成的串联系统模型。根据串联系统的定义和概率理论，可得串联系统的可靠度为

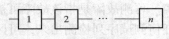

图 7 - 2 串联系统模型

$$R(t) = R_1(t)R_2(t)R_3(t)\cdots R_n(t) = \prod_{i=1}^{n} R_i(t) \qquad (7-6)$$

2. 并联系统

定义：一个系统由 n 个部件组成，只有当这 n 个部件全部失效时才导致系统失效的系统叫做并联系统。图 7-3 表示一个由 n 个单元组成的并联系统模型。根据概率理论，可得并联系统的可靠度为

$$R(t) = 1 - \prod_{i=1}^{n}(1 - R_i(t)) \qquad (7-7)$$

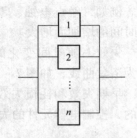

图 7-3 并联系统模型

3. 复合系统

定义：把由若干串联和并联分系统并联或串联起来的系统，叫做复合系统。首先求出各分系统的可靠度，然后再根据各分系统的并联或串联关系，按以上并联或串联系统可靠度的算法求出复合系统可靠度。

此外，还有表决系统、旁待系统。

四、故障检测与诊断

1. 引起故障的原因有三类

（1）由设计原因引起。如设计规范有错或者违背设计规范进行设计。

（2）由制造工艺引起。如元器件不合格，规定的电压误差精度不能达到或接错线等。

（3）由外界条件引起。如温度、振动、电磁干扰、噪声过大等。

图 7-4 故障检测模型

确定电路或系统有无故障、或功能是否正常的操作叫做故障检测。故障检测的基本模型如图 7-4 所示。如果输出为 1，则表示出故障；如果为零则表示未检测出故障。

通过故障检测发现故障之后，根据需要，确定故障的具体位置的操作叫做故障定位，把用来定位故障的序列叫做故障区分序列。

包含故障检测与故障定位的操作，叫做故障诊断。

故障按其检测特征可分为可测故障、不可测故障、可区分故障、不可区分故障。可测故障是指该故障可被测试序列检测出来，不可测故障是指该故障不能被任何测试序列检测出来；可区分故障是指两个故障能被测试序列区分开来，不可区分故障是指两个故障不能被任何测试序列区分开来。

2. 电气控制系统故障查找与检修方法

（1）观察和调查故障现象

电气故障现象是多种多样的，例如，同一类故障可能有不同的故障现象，不

同类故障可能是同种故障现象,这种故障现象的同一性和多样性,给查找故障带来了困难。但是,故障现象是查找电气故障的基本依据,是查找电气故障的起点,因而要对故障现象仔细观察分析,找出故障现象中最主要的、最典型的方面,搞清故障发生的时间、地点、环境等。

(2) 分析故障原因

① 状态分析法:这是一种发生故障时根据电气设备所处的状态进行分析的方法。电气设备的运行过程总可以分解成若干个连续的阶段,这些阶段也可称为状态,如电动机工作过程可以分解成启动、运转、正转、反转、高速、低速、制动、停止等工作状态,电气故障总是发生于某一状态,而在这一状态中,各种元件又处于什么状态,如电动机启动时,哪些元件工作,哪些触头闭合等,是我们分析故障的重要依据。

② 图形分析法:电气设备图是用以描述电气设备的构成、原理、功能,提供装接和使用维修信息的依据。分析电气设备必然要使用各类电气图,根据故障情况,从图形上进行分析,这就是图形分析法。电气设备图种类很多,如原理图、构造图、系统图、接线图、位置图等。分析电气故障时,常常要对各种图进行分析,并且要掌握各种图之间的关系,如由接线图变换成电路图,由位置图变换成原理图等。

③ 单元分析法:一个电气设备总是由若干单元构成的,每一个单元具有特定的功能。从一定意义上讲,电气设备故障意味着某功能的丧失,由此可判定故障发生的单元。分析电气故障就应将设备划分为单元(通常是按功能划分),进而确定故障的范围,这就是单元分析法。

④ 回路分析法:电路中任一闭合的路径称为回路。回路是构成电气设备电路的基本单元,分析电气设备故障,尤其是分析电路断路、短路故障时,常常需要找出回路中元件、导线及其连接,以此确定故障的原因和部位,这就是回路分析法。

⑤ 推理分析法:电气设备中各组成和功能都有其内在的联系,如连接顺序、动作顺序、电流流向、电压分配等都有其特定的规律,因而某一部件、组件、元件的故障必然影响其他部分,表现出特有的故障现象。在分析电气故障时,常常需要从这一故障联系到对其他部分的影响,或由某一故障现象找出故障的根源。这一过程就是逻辑推理过程,也就是推理分析法。推理分析法又分为顺推理法和逆推理法。

⑥ 树形分析法:电气装置的各种故障存在着许多内在的联系,例如,某装置故障1可能是由于故障2引起的,故障2可能是由于故障4、5、6、7引起的,故障3又可能是由故障7、8引起的……如果将这种种故障按一定顺序排列起来,则形似一棵树,被称为故障树,如图7-5所示。

根据故障树分析电气故障,在某些情况下更显得条理分明,脉络清晰。这也

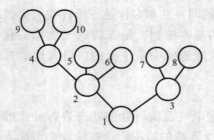

图 7-5 树形分析法结构图

是常用的一种故障分析方法。

⑦ 计算机辅助分析法：

● 状态模拟：将电气设备、网络中各种部件、元件的工作状态用 1 和 0 表示，如接通、有电流、高电位为 1 状态，而断开、无电流、低电位为 0 状态，当 A 触头故障断开，A 电路无电流，A 设备电位为 0 时，则上述状态均变为 0，计算机便可从这些状态变化中找出发生故障的部件、元件。

● 参数比较分析法：将电气设备、网络中各部件、元件的正常运行时的各种参数预先储存于计算机中，然后将测试出的某些参数输入计算机中，由计算机进行分析、比较，判断出其中的故障。参数输入的方式还可以通过电压、电流、温度、压力、位移等传感器和电平转换器直接输入计算机中。

(3) 确定故障部位

① 调查研究法：在处理故障前，通过"问、看、听、摸"来了解故障前后的详细情况，以便迅速地判断故障的部位，并准确地排除故障。

"问"是向操作者了解故障发生的前后情况。一般询问的项目是故障是经常发生还是偶尔发生；有哪些现象；故障发生前有无频繁启动、停止或过载等；是否经历过维护、检修或改动线路等。

"看"是看熔丝是否熔断；接线是否松动、脱落、断线；开关的触点是否接触好；有没有熔焊；继电器是否动作；撞块是否碰压行程开关等。

"听"是用耳朵倾听电动机、变压器和电器元件的声音是否正常，以便帮助寻找故障部位。例如某三相电动机运行时有"嗡嗡"声，那可能是定子电源缺相运行或转子被机械卡住所致。

"摸"是当电动机、变压器、继电器线圈发生故障时，温度升高，可以手感检查。限位开关没有发信号而使动作中断时，也可以用手代替撞块去撞一下限位开关，如果动作和复位时有"嘀嗒"声，则一般情况开关是好的，调整撞块位置就能排除故障。

② 通电试验法：在外部检查发现不了故障时，可对电气控制电路做通电试验检查。通电试验检查时，应尽量使电动机和传动机构脱开，调节器和相应的转换开关置于零位，行程开关还原到正常位置。若电动机和传动机构不易脱开时，可使主电路熔体或开关断开，先检查控制电路，待其正常后，再恢复接通电源检查主电路。通电试验检查时，应先用万用表的交流电压挡检查电源电压是否正常，有无缺相或严重不平衡情况。通电试验检查，应先易后难，分步进行。检查的顺序是先控制电路后主电路，先辅助系统后主传动系统，先开关电路后调整电路，先怀疑重点部位后怀疑一般部位。

通电试验检查也可采用分步试送法，即先断开所有的熔体，然后按顺序逐一接通要检查部位的熔体。合上开关，观察有无冒烟、冒火及熔断器熔断现象，若有，则故障部位就在该处；若无异常现象，再给以动作指令，观察各接触器和继电器是否按规定的顺序动作，也可发现故障。通电试验时必须注意，可能发生飞车或损坏传动机构的设备不宜通电；发现冒烟、冒火及异常声音时立即停车检查；不能随意触碰带电电器；养成右手单独操作的习惯。

③ 测量法：

● 带电测量法：对于简单的电气控制电路，可以用试电笔直接判断电源好坏。例如，电笔碰触主电路组合开关及三个熔断器输出端，若氖泡三处发光均较亮，则电源正常；若两相较亮，一相不亮，则存在电源缺相故障。但试电笔有时会引起误判断。例如某额定电压 380 V 的线圈，若一根连接线正常而另一根断路，由于线圈本身有电阻，试电笔测量两端均正常发光，可能误判为电源正常而线圈损坏。这时最好用电压测量法，并选择合适的量程。测量线圈两端电压为额定值，但继电器不动作，则线圈损坏；否则线圈是好的，但电路不通。

在采用可控整流供电的电动机调速控制电路中，利用示波器来观察触发电路的脉冲波形和可控整流的输出波形，能很快地判断故障所在。

● 断电测量法：尽管带电测量法检查故障迅速准确，但不安全，所以我们经常用断电测量法检修，也就是在切断电源后，利用万用表的欧姆挡对怀疑有问题的控制电路中的触点、线圈、连接线测量其电阻值，以此来判断它们的短路或断路。总之，电气控制线路的故障现象各不相同，我们一定要理论联系实际，灵活运用以上方法，及时总结经验，并做好检修记录，不断提高自己的排除故障能力。

④ 类比、替代法：在有些情况下，可采用与同类完好设备进行比较来确定故障的方法。例如，一个线圈是否存在匝间短路，可通过测量线圈的直流电阻来判定，但直流电阻多大才是完好的却无法判别，这时可以与一个同类型且完好的线圈的直流电阻值进行比较来判别。又如，某设备中的一个电容是否损坏（电容值变化）无法判别，可以用一个同类型的完好的电容器替换，如果替换后设备恢复正常，则发生故障的就是这个电容。

思考与练习

1. 为什么要研究可靠性？研究可靠性的意义何在？
2. 说明可靠性设计的内容。
3. 从浴盆曲线中得出早期失效、偶然失效和耗损失效各自的特点，并给出相关的对策。

4. 人的可靠度有什么特点？为什么随着科学技术的发展，在现代电气控制系统中，人的参与程度降低了？

5. 现代电器元件或电气装置在提高产品的可靠性设计上通常采用了什么样的措施？

6. 常用电气检测方法有哪些？如何应用？

附录　常用电器元件符号

名　称	GB/T 4728—1996~2000 图形符号	GB/T 7159—1987 文字符号	名　称	GB/T 4728—1996~2000 图形符号	GB/T 7159—1987 文字符号
直流电	══		电容器一般符号	─┤├─	G
交流电	∼		极性电容器	─┤├─	C
正、负极	+ −		电感器、线圈、绕组、扼流图	⌒⌒⌒	L
三角形联结的三相绕组	△		带铁芯的电感器	⌒⌒⌒	L
星形联结的三相绕组	Y		电抗器		L
导线	───		可调压的单相自耦变压器		T
三根导线	─/// ─3─				
导线连接	· ┬		有铁芯的双绕组变压器		T
端子	○				
端子板	▭▭▭▭▭▭	XT	三相自耦变压器星形连接		T
接地	⏚	E			
插座	─(	XS	电流互感器		TA
插头	─●	XP			
滑动（滚动）连接器		E	电机扩大机		AG
电阻器一般符号	▭	R			
可变（可调）电阻器		R	串励直流电动机	Ⓜ	M
滑动触点电位器		RP			

附录　常用电器元件符号

续表

名称	GB/T 4728—1996~2000 图形符号	GB/T 7159—1987 文字符号	名称	GB/T 4728—1996~2000 图形符号	GB/T 7159—1987 文字符号
并励直流电动机		M	位置开关动合触点		SQ
他励直流电动机		M	位置开关动断触点		SQ
			熔断器		FU
三相笼型异步电动机		M3~	接触器动合主触点		KM
三相绕线转子异步电动机		M3~	接触器动合辅助触点		KM
			接触器动断主触点		KM
永磁式直流测速发电机		BR	接触器动断辅助触点		KM
			继电器动合触点		KA
普通刀开关		Q	继电器动断触点		KA
普通三相刀开关		Q	热继电器动合触点		FR
按钮开关动合触点（启动按钮）		SB	热继电器动断触点		FR
			延时闭合的动合触点		KT
按钮开关动断触点（停止按钮）		SB	延时断开的动合触点		KT

附录 常用电器元件符号

续表

名 称	GB/T 4728—1996~2000 图形符号	GB/T 7159—1987 文字符号	名 称	GB/T 4728—1996~2000 图形符号	GB/T 7159—1987 文字符号
延时闭合的动断触点		KT	电磁阀	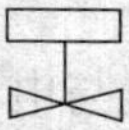	YV
延时断开的动断触点		KT	电磁制动器		YB
接近开关的动合触点		SQ	电磁铁	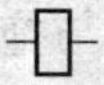	YA
	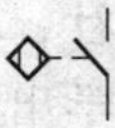		照明灯一般符号		EL
接近开关动断触点	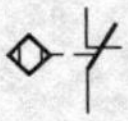	SQ	指示灯、信号灯一般符号		HL
气压式液压继电器动合触点	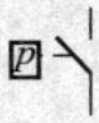	SP	电铃		HA
			电喇叭	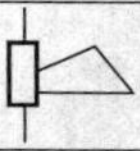	HA
气压式液压继电器动断触点	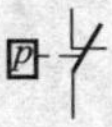	SP	蜂鸣器		HA
速度继电器动合触点		KS	电警笛、报警器		HA
速度继电器动断触点	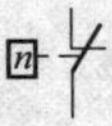	KS	二极管		VD
			晶闸管		VT
操作器件一般符号 接触器线圈		KM	稳压二极管		V
缓慢释放继电器的线圈	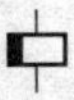	KT	PNP 晶体管	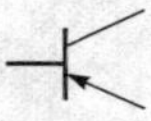	V
缓慢吸合继电器的线圈		KT	NPN 三极管		V
热继电器的驱动器件	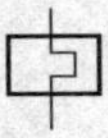	FR	单结晶体管		V
电磁离合器	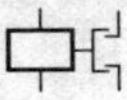	YC	运算放大器		N

参 考 文 献

[1] 田淑珍. 电机与电气控制技术［M］. 北京：机械工业出版社，2010.
[2] 王炳实. 机床电气控制. 第3版［M］. 北京：机械工业出版社，2004.
[3] 张海根. 机电传动控制［M］. 北京：高等教育出版社，2004.
[4] 汤天浩. 电机与拖动基础［M］. 北京：机械工业出版社，2004.
[5] 郑平. 现代电气控制技术［M］. 重庆：重庆大学出版社，2001.
[6] 杨林建. 机床电气控制技术［M］. 北京：北京理工大学出版社，2008.